解いてスッキリ！

数学検定
準2級への道
問題集

日本数学検定協会 監修
TMT研究会 編著

電気書院

1　はじめに

　2010年に刊行した「読めばスッキリ！数学検定準2級への道」に続き，今回，数学検定準2級合格のための問題集をつくることになりました。練習問題を多く解くことにより，より合格の可能性が高まることと思います。

　ところで，僕が中学生に数学検定準2級の指導を始めて10数年が経ちましたが，この間実に多くの中学生が数学検定準2級に合格していきました。このときの学習法は，次の2つです。①「読めばスッキリ！数学検定準2級への道」の読み合わせをする。②多くの過去問及びその類題を解く。

　この本は，②に重点を置き，多くの過去問を分析した上での類題によって構成されています。つまり，数学検定準2級に合格するための単元別問題及び予想問題集です。近年の数学検定準2級の問題は，1次検定では，全15問中，中3内容が約7問，高1内容が約8問，2次検定では，全10問中，中3内容が約4問，高1内容が約5問，自由な思考を試す1問で構成されることが多くなっています。中3の内容に不安がある人は，「読めばスッキリ数学検定3級への道」で学習すればいいと思います。

　それでは，皆さんの健闘を祈ります。しっかり解いて，数学検定準2級にスッキリと合格して下さい。

※：本書に出てくる"表現"「YSJ2」及び「YS3」は，それぞれ「読めばスッキリ！数学検定準2級への道」，「読めばスッキリ！数学検定3級への道」のことです。

2　本書の利用法

①「問題を繰り返し解く」

　1次検定，2次検定の問題をすべて解き，解けなかった問題は繰り返し解いてください。問題に，難易度（A-基本，B-標準，C-やや難）が示してあります。Bのレベルの問題までできるようになると，合格の可能性がかなり高まると思います。わからない内容があれば「読めばスッキリ！数学検定準2級への道」でも確認してください。

②「予想問題を解く」

　予想問題5回分を解いて，実際の出題の形式に慣れておいて下さい。自信のある人は，ここから学習してもいいと思います。

3 数学検定について

　　　1次検定：60分　計算問題中心
　　　2次検定：90分　文章問題中心（電卓使用可）

　検定時間には，十分な余裕を持たせてあるので落ち着いて問題に取り組める。また準2級では難問はほとんど出題されないが，本当の理解を試すよく練られた良問で構成されている。合格ラインは，1次検定が約7割（10.5点／15点），2次検定が約6割（6点／10点）となっている。

4 TMT（富合数学教育チーム）研究会メンバー紹介

浦山千加代
現在熊本市立富合小学校に勤務，TMT研究会の紅一点。これまで，多くの数学学習プリントや，教具等を作ってきた。いわゆる数学の教材研究をこよなく愛する数学教師である。スポーツも得意とするオールマイティ。

前川和宏
現在山都町立蘇陽中学校に勤務，数学はもちろん，情報教育も得意とし，その名は，熊本はもちろん全国的に知られている。また，情報教育に関する著書もある。授業技術も一流。現在は教頭として活躍。

馬場　克博
現在熊本市立託麻中学校に勤務，一貫してわかりやすい授業を心がけてきた。M中学校時代での入試対策ではすぐに60人を超える生徒が集結，富合中学校時代での$(Ba)^2$塾には，実に多くの生徒たちが参加してくれた。

　尚，この本を出版するにあたって，電気書院編集部の鎌野恵さん，久保田勝信さん，日本数学検定協会の方々には大変お世話になった。また富合中学校3年の村﨑さん（準2級取得），森川さん（2級取得）が全面的に協力してくれた。（2人とも現在高1）この場を借りて感謝の意を表したい。

　　　　　　　　　（2014.4　TMT代表：馬場克博）

もくじ

第1章 1次検定対策

1. 式の計算と平方根（中3内容） ……………………… 8
2. 2次方程式（中3内容） ……………………………… 12
3. $y=ax^2$（中3内容） ………………………………… 14
4. 相似（中3内容） …………………………………… 16
5. 円の性質（中3および高1内容） …………………… 20
6. 三平方の定理（中3内容） ………………………… 24
7. 式の計算（高1内容） ……………………………… 28
8. 2次関数（高1内容） ……………………………… 32
9. 不等式（高1内容） ………………………………… 34
10. 三角比（高1内容） ………………………………… 36
11. 集合と命題（高1内容） …………………………… 42
12. 場合の数と確率（高1内容） ……………………… 46

第2章 2次検定対策

1. 平方根と整数の証明（中3内容） ………………… 52
2. 2次方程式（中3内容） …………………………… 58
3. $y=ax^2$（中3内容） ……………………………… 62
4. 相似な図形と三平方の定理と円（中3および高1内容） 66
5. 対称式（高1内容） ………………………………… 78
6. 2次関数（高1内容） ……………………………… 80
7. 不等式と判別式（高1内容） ……………………… 86
8. 三角比（高1内容） ………………………………… 90
9. 場合の数と確率（高1内容） ……………………… 102
10. 平面図形（高1内容） ……………………………… 110

第3章 予想問題（5回分）

第1回検定予想問題 ……………… 116
第2回検定予想問題 ……………… 120
第3回検定予想問題 ……………… 124
第4回検定予想問題 ……………… 128
第5回検定予想問題 ……………… 132

第1回検定予想問題解答例 ……… 136
第2回検定予想問題解答例 ……… 139
第3回検定予想問題解答例 ……… 142
第4回検定予想問題解答例 ……… 146
第5回検定予想問題解答例 ……… 150

補足

・n 進法 ……………………………… 156
・最大公約数と最小公倍数 ……… 162
・ユークリッドの互除法 ………… 164
・1次不定方程式の解 …………… 166
・三角形の外心 …………………… 168
・三角形の内心 …………………… 170
・三角形の重心 …………………… 171
・外角の二等分線の定理 ………… 173

あとがき ……………………………… 174

第1章

1次検定対策

1. 式の計算と平方根（中3内容）
2. 2次方程式（中3内容）
3. $y = ax^2$（中3内容）
4. 相似（中3内容）
5. 円の性質（中3および高1内容）
6. 三平方の定理（中3内容）
7. 式の計算（高1内容）
8. 2次関数（高1内容）
9. 不等式（高1内容）
10. 三角比（高1内容）
11. 集合と命題（高1内容）
12. 場合の数と確率（高1内容）

第1章　1次検定対策

1 式の計算と平方根（中3内容） ▶▶▶ YSJ2：P8～11，YS3：p104～137

●重要事項のまとめ

1　式の展開

$m(a+b)=ma+mb$

$(a+b)(c+d)=ac+ad+bc+bd$

$(x+a)(x+b)=x^2+(a+b)x+ab$ → $(□+a)(□+b)=□^2+(a+b)□+ab$

$(x+a)^2=x^2+2ax+a^2$ → $(□+○)^2=□^2+2□○+○^2$

$(x-a)^2=x^2-2ax+a^2$ → $(□-○)^2=□^2-2□○+○^2$

$(x+a)(x-a)=x^2-a^2$ → $(□+○)(□-○)=□^2-○^2$

2　因数分解

$ma+mb=m(a+b)$

$x^2+(a+b)x+ab=(x+a)(x+b)$ → $□^2+(a+b)□+ab=(□+a)(□+b)$

$x^2+2ax+a^2=(x+a)^2$ → $□^2+2□○+○^2=(□+○)^2$

$x^2-2ax+a^2=(x-a)^2$ → $□^2-2□○+○^2=(□-○)^2$

$x^2-a^2=(x+a)(x-a)$ → $□^2-○^2=(□+○)(□-○)$

3　素因数分解

素数とは，1とその数以外に約数をもたない自然数のこと

因数とは約数のこと（因数 = 約数）

素因数分解とは，自然数を素因数（素数であり，因数でもある数）の積の形で表すこと

4　平方根

2乗したらa（$a>0$）になる数を，aの平方根といい，$\sqrt{a}$と$-\sqrt{a}$で表す。この2つをまとめて，$\pm\sqrt{a}$と書く。すなわち，平方根には，正の平方根と負の平方根がある。（ただし，0の平方根は0だけである。）

5　$\sqrt{a}$ の図形的な意味

$\sqrt{a}$は面積が$a(>0)$である正方形の1辺の長さを表す。
すなわち，$(\sqrt{a})^2=a$となる。

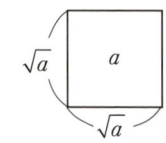

6 根号を含んだ計算

$a>0, b>0$ のとき

$$\sqrt{a}\times\sqrt{b}=\sqrt{ab}, \quad \frac{\sqrt{b}}{\sqrt{a}}=\sqrt{\frac{b}{a}}, \quad a\sqrt{b}=\sqrt{a^2 b} \quad 逆に \quad \sqrt{a^2 b}=a\sqrt{b}$$

$$\frac{b}{\sqrt{a}}=\frac{b}{\sqrt{a}}\times\frac{\sqrt{a}}{\sqrt{a}}=\frac{b\sqrt{a}}{a} \quad (分母の有理化)$$

7 小数部分と整数部分

a の小数部分は，$a-(a$ の整数部分$)$ で求められる。

例　1.3 の小数部分は，$1.3-1=0.3$

2.33…… の小数部分は，$2.33……-2=0.33……$

$\sqrt{5}$ の小数部分は，$\sqrt{5}-2$

$\sqrt{5}=2.236…$ なので，$\sqrt{5}$ の整数部分は 2 だね。

8 数の分類

数は，次のように分類される。

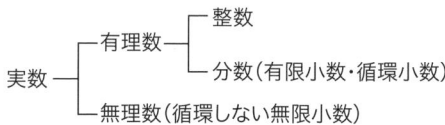

有理数と無理数を合わせて実数という。実数とは，実在する数のことで，中 3 までに学ぶ数のことである。

有理数とは，分子と分母がともに整数である分数で表される数のことである。整数は，分母を 1 とすることで分数で表すことができるし，1.3 や 3.54 などの有限小数も分数で表すことができる。

0.333…… や，0.125125125…… のように同じ数字の列を無限に繰り返す小数を循環小数という。$0.33……=0.\dot{3}$，$0.125125……=0.\dot{1}2\dot{5}$ で表す。循環小数も，分数で表すことができる。(練習 4 で確認してね)

無理数とは，分子と分母がともに整数であるような分数で表すことができない数のことである。

　　無理数の例　$\sqrt{2}, \sqrt{3}, \sqrt{5}…, \pi$ など

第1章　1次検定対策

練習1　次の計算をしなさい。

(1) $(x-3y)^2+3x(x+y)$　　(2) $(x+4y)^2+(x-3y)(x+2y)$

(3) $(x+3)(x-3)-(x+5)^2$　　(4) $(\sqrt{3}+2)^2-2(2\sqrt{3}-1)$

(5) $(2\sqrt{5}+\sqrt{3})^2-\dfrac{3}{\sqrt{15}}$

解答・解説　ランクA

(1) $(x-3y)^2+3x(x+y)=x^2-6xy+9y^2+3x^2+3xy=4x^2-3xy+9y^2$ 答

(2) $(x+4y)^2+(x-3y)(x+2y)=x^2+8xy+16y^2+x^2-xy-6y^2$
$\qquad\qquad\qquad\qquad\qquad =2x^2+7xy+10y^2$ 答

(3) $(x+3)(x-3)-(x+5)^2=x^2-9-(x^2+10x+25)=-10x-34$ 答

(4) $(\sqrt{3}+2)^2-2(2\sqrt{3}-1)=3+4\sqrt{3}+4-4\sqrt{3}+2=9$ 答

(5) $(2\sqrt{5}+\sqrt{3})^2-\dfrac{3}{\sqrt{15}}=20+4\sqrt{15}+3-\dfrac{\sqrt{15}}{5}=23+\dfrac{19\sqrt{15}}{5}$ 答

　※ $\dfrac{3}{\sqrt{15}}=\dfrac{3}{\sqrt{15}}\times\dfrac{\sqrt{15}}{\sqrt{15}}=\dfrac{3\sqrt{15}}{15}=\dfrac{\sqrt{15}}{5}$　（分母の有理化）

練習2　次の式を因数分解しなさい。

(1) x^2+5x+6　　(2) $25x^2-1$　　(3) $36x^2-49y^2$

(4) $4a^2-4a+1$　　(5) x^3+x^2-6x　　(6) $(x-2y)^2+2(x-2y)-15$

解答・解説　ランクA

(1) $x^2+5x+6=(x+2)(x+3)$ 答

(2) $25x^2-1=(5x+1)(5x-1)$ 答

(3) $36x^2-49y^2=(6x+7y)(6x-7y)$ 答

(4) $4a^2-4a+1=(2a-1)^2$ 答

(5) $x^3+x^2-6x=x(x^2+x-6)=x(x+3)(x-2)$ 答

(6) $(x-2y)^2+2(x-2y)-15$　　$x-2y=X$とおくと、
　与式 $=X^2+2X-15=(X-3)(X+5)$　よって、与式 $=(x-2y-3)(x-2y+5)$ 答

1　式の計算と平方根（中3内容）

練習3　540を素因数分解しなさい。

――解答・解説―― ランク**A**

$$540 = 2^2 \times 3^3 \times 5 \;\text{答}$$

素数とは1とその数以外に約数をもたない自然数のことだね。素因数分解とは，自然数を素数の積で表すことだった。素因数分解での注意点は，小さい素数で割っていくことと，各位の数の和が3の倍数であるとき3で割り切れることなどだね！

```
2 ) 540
2 ) 270
3 ) 135
3 )  45
3 )  15
     5
```

練習4　次の循環小数を分数で表しなさい。
(1)　$1.\dot{2}\dot{5}$　　(2)　$0.\dot{1}2\dot{5}$

――解答・解説―― ランク**A**

(1)　$x = 1.\dot{2}\dot{5}$　…①とおくと，
$100x = 125.\dot{2}\dot{5}$　…②　← 100倍すると小数点が2つずれるね

②−①より，　← 無限に続く小数部分が消えるね

$$99x = 124 \;\rightarrow\; x = \frac{124}{99}$$

よって，$1.\dot{2}\dot{5} = \dfrac{124}{99}$ 答

(2)　$x = 0.\dot{1}2\dot{5}$　…①とおくと，
$1000x = 125.\dot{1}2\dot{5}$　…②

②−①より，
$999x = 125$

よって，$0.\dot{1}2\dot{5} = \dfrac{125}{999}$ 答

(1)，(2)と同様に考えることで，$0.\dot{3} = \dfrac{1}{3}$ であることも導けるね。

第1章 1次検定対策

② 2次方程式（中3内容） ▶▶▶ YSJ2：p32〜43, YS3：p138〜150

●重要事項のまとめ

1　2次方程式の解法

2つの解法（因数分解・平方根）で解くことができる。

「因数分解ができるもの」については、因数分解を用いて解く。

「$x^2=a$ や $(x+a)^2=b$ の形」ならば、平方根の考え方で解く。

上記以外は $ax^2+bx+c=0$ の形に整理して、解の公式を用いる。

2　2次方程式の解の公式

2次方程式　$ax^2+bx+c=0$（$a \neq 0$）の解は，

$$x=\frac{-b \pm \sqrt{b^2-4ac}}{2a} \quad \cdots ①$$

b が偶数（$2b'$ の形で表せる）のときの解の公式（これは高1内容）

$ax^2+bx+c=0$ で、b が偶数のときの解は、

$$x=\frac{-b' \pm \sqrt{b'^2-ac}}{a} \quad \text{ただし、} b'=\frac{b}{2}（b \text{の半分}）$$

これは、①で、b に $2b'$ を代入して、次のようにして導ける。

$$x=\frac{-2b' \pm \sqrt{(2b')^2-4ac}}{2a}$$

$$=\frac{-2b' \pm \sqrt{4b'^2-4ac}}{2a}$$

$$=\frac{-2b' \pm \sqrt{4(b'^2-ac)}}{2a} \quad \leftarrow \sqrt{4 \times \bigcirc}=2\sqrt{\bigcirc}$$

$$=\frac{-2b' \pm 2\sqrt{b'^2-ac}}{2a}=\frac{-b' \pm \sqrt{b'^2-ac}}{a}$$

この公式は、通常（？）の解の公式で数字の2と4を取り、b に b の半分の値を代入した形になっている。

3　2次方程式の文章題

問題を解くために必要な値を x として立式する。その際、x が問題の条件に合うかどうかを確認する。これは2次対策でやるよ。

2 2次方程式（中3内容）

> **練習5** 次の2次方程式を解きなさい。
> (1) $x^2+5x+6=0$　　(2) $x^2-4x+4=0$　　(3) $x^2=5$
> (4) $2x^2-8=0$　　(5) $(x+3)^2=5$　　(6) $3x^2+3x-1=0$
> (7) $5x^2-8x-1=0$　　(8) $-2x^2+2x+1=0$　　(9) $\dfrac{1}{2}x^2+\dfrac{1}{3}x-\dfrac{1}{4}=0$

解答・解説　ランクA

(1) $x^2+5x+6=0$ → $(x+2)(x+3)=0$ → $x=-2, -3$ 答

(2) $x^2-4x+4=0$ → $(x-2)^2=0$ → $x=2$ 答

(3) $x^2=5$ → $x=\pm\sqrt{5}$ 答

(4) $2x^2-8=0$ → $2x^2=8$ → $x^2=4$ → $x=\pm 2$ 答

(5) $(x+3)^2=5$ → $x+3=\pm\sqrt{5}$ → $x=-3\pm\sqrt{5}$ 答

(6) $x=\dfrac{-3\pm\sqrt{3^2-4\cdot 3\cdot(-1)}}{2\cdot 3}=\dfrac{-3\pm\sqrt{21}}{6}$ 答　← $4\cdot 3\cdot(-1)=4\times 3\times(-1)$ のこと！

(7) $x=\dfrac{-(-4)\pm\sqrt{(-4)^2-5\cdot(-1)}}{5}=\dfrac{4\pm\sqrt{21}}{5}$ 答

これは、$ax^2+bx+c=0$ で、b が偶数のときの解の公式を用いた。ここでは、$b=-8$ より、$b'=\dfrac{b}{2}=\dfrac{-8}{2}=-4$ をこの公式に代入した。(8), (9)もこれを使う。もちろん通常（?）の解の公式でも解けるよ。

(8) $-2x^2+2x+1=0$　この両辺に -1 をかけて、

$2x^2-2x-1=0$　$b'=\dfrac{b}{2}=\dfrac{-2}{2}=-1$ より、

$x=\dfrac{-(-1)\pm\sqrt{(-1)^2-2\cdot(-1)}}{2}=\dfrac{1\pm\sqrt{3}}{2}$ 答

(9) $\dfrac{1}{2}x^2+\dfrac{1}{3}x-\dfrac{1}{4}=0$　この両辺に 12 をかけて、

$6x^2+4x-3=0$　$b'=\dfrac{b}{2}=\dfrac{4}{2}=2$ より、

$x=\dfrac{-2\pm\sqrt{2^2-6\times(-3)}}{6}=\dfrac{-2\pm\sqrt{22}}{6}$ 答

第1章　1次検定対策

3 $y=ax^2$（中3内容）　▶▶▶ YS3：p154～165

●重要事項のまとめ

1　$y=ax^2$

$y=ax^2$（$a \neq 0$）で表される関数を，「y は，x^2 に比例する関数」であるという。

2　**$y=ax^2$ のグラフ**

$y=ax^2$ のグラフは，y 軸を軸とし，原点を頂点とする放物線と呼ばれる曲線である。

（ⅰ）　$a>0$ のとき　　（ⅱ）　$a<0$ のとき　　（ⅰ）　$a>0$ のとき
　　　　　　　　　　　　　　　　　　　　　　　　　　y のとりうる値は，
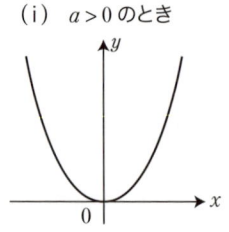　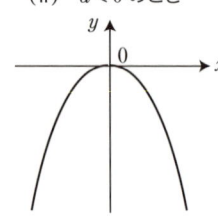　$y \geq 0$ である。

　　　　　　　　　　　　　　　　　　　　　　（ⅱ）　$a<0$ のとき
　　　　　　　　　　　　　　　　　　　　　　　　　　y のとりうる値は，
　　　　　　　　　　　　　　　　　　　　　　　　　　$y \leq 0$ である。

3　**変化の割合**

変化の割合は，$\dfrac{y \text{の増加量}}{x \text{の増加量}}$ で求められる。

この値は，x の増加量が1のときの y の増加量を表し，比例 $y=ax$ や1次関数 $y=ax+b$ では a で一定である。

$y=ax^2$ で，x の値が x_1 から x_2 まで増加したときの変化の割合は，

$\dfrac{ax_2^2 - ax_1^2}{x_2 - x_1} = \dfrac{a(x_2 - x_1)(x_2 + x_1)}{x_2 - x_1} = a(x_1 + x_2)$ として簡単に求められる。

4　**変域**

変域とは，変数 x，y のとりうる値の範囲のこと。変域を求めるには，グラフを活用する。

5　**直線と $y=ax^2$ のグラフの交点**

$y=ax^2$ と $y=mx+n$ のグラフの交点の座標は，連立方程式 $\begin{cases} y=ax^2 \\ y=mx+n \end{cases}$ の解の x, y の値の組である。

すなわち，グラフの交点の x 座標は，2次方程式 $ax^2=mx+n$ の解である。

3 $y=ax^2$（中3内容）

練習6 yは，xの2乗に比例し，$x=-2$のとき$y=-16$です。このとき，yをxの式で表しなさい。

解答・解説 ランクA

$y=ax^2$で$x=-2$のとき$y=-16$なので，$-16=4a$ → $a=-4$
よって，$y=-4x^2$ 答

練習7 $y=ax^2$のグラフが点$(-1, 2)$を通るとき，aの値を求めなさい。

解答・解説 ランクA

$y=ax^2$のグラフが点$(-1, 2)$を通るので，$2=a\times(-1)^2$ → $a=2$ 答

練習8 2次関数$y=\dfrac{1}{2}x^2$…①および$y=-2x^2$…②で，xの変域が，$-4<x\leq 2$のときのそれぞれのyの変域を求めなさい。

解答・解説 ランクB

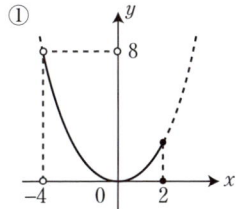 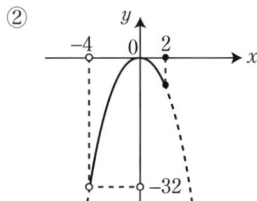

①上のグラフより，$0\leq y<8$ 答　　②上のグラフより，$-32<y\leq 0$ 答

練習9 $y=-2x^2$でxの値が-3から5まで増加するときの変化の割合を求めなさい。

解答・解説 ランクA

$\dfrac{y\text{の増加量}}{x\text{の増加量}}=\dfrac{-50-(-18)}{5-(-3)}=\dfrac{-32}{8}=-4$ 答

x	-3	5
y	-18	-50

別解　変化の割合$=\{(-3)+5\}\times(-2)=-4$ ← p14の3を参照

15

第1章　1次検定対策

4　相似（中3内容）　▶▶▶ YSJ2：p110～112, YS3：p166～183

●重要事項のまとめ

1　相似な図形

ある図形を一定の割合で拡大または縮小した図形をもとの図形と相似であるという。

2　等しい比

等しい比は，下のように表せる。

$$m:n=km:kn（k は正の定数）$$

すなわち，内項の積（kmn）と外項（こちらも kmn）の積は等しい。

よって，$m:n=a:b$ ならば $mb=na$ が成り立つ。

3　相似比

相似な図形で対応する辺の比（円ならば半径の比など）のこと。

4　相似な図形の性質

対応する辺の比は等しく，対応する角は等しい。

相似な多角形では，隣り合う辺の比も等しい。

5　三角形の相似条件

(i)　3組の辺の比が（すべて）等しい。

$$a:a'=b:b'=c:c'$$

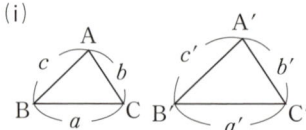

(ii)　2組の辺の比とその間の角がそれぞれ等しい。（2組の辺の比が等しくその間の角が等しい）

$$a:a'=c:c',\ \angle B=\angle B'$$

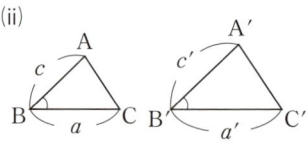

(iii)　2組の角がそれぞれ等しい。

$$\angle B=\angle B',\ \angle C=\angle C'$$

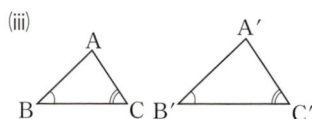

6　三角形と比の定理

・三角形と比の定理(1)

右の図1で，

(i) DE∥BC のとき $a:b=c:d=e:f$

(ii) $a:b=c:d$ のとき DE∥BC

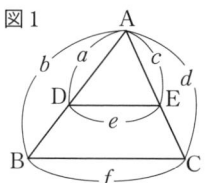

・三角形と比の定理(2)

右の図2で，

(i) DE∥BC のとき，$a:b=c:d$（上：下）

(ii) $a:b=c:d$ のとき，DE∥BC

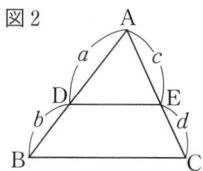

7　平行線と比の定理

ℓ∥m∥n のとき，$a\ :\ b\ =\ c\ :\ d$
　　　　　　　　　（上：下）＝（上：下）

右の図で，直線 t を直線 u に平行移動すると，三角形と比の定理(2)の形だね。

※上記6の(2)(i)と7で b と c を入れ換えた $a:c=b:d$ も成り立つ。

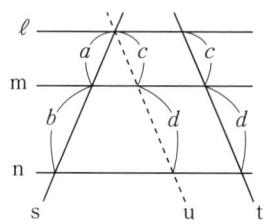

8　中点連結定理

M，N がそれぞれ辺 AB，AC の中点ならば，

MN∥BC（MN は BC と平行）

MN＝$\frac{1}{2}$BC（MN は BC の半分）

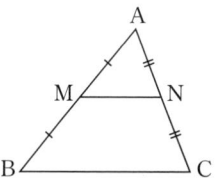

9　内角の二等分線の定理

右の図で，∠A の二等分線と辺 BC との交点を D とすると，

BA：AC＝BD：DC（$a:b=c:d$）

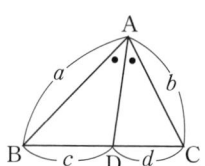

10　相似な図形や立体の面積比と体積比

相似比が $m:n$ のとき，面積比は $m^2:n^2$

相似比が $m:n$ のとき，体積比は $m^3:n^3$

第1章　1次検定対策

練習10　下の各図で $\ell / \! / m$ であるとき，x の値を求めなさい。

① 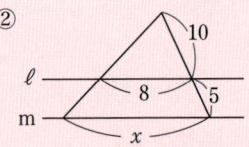　②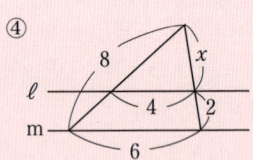

③ ④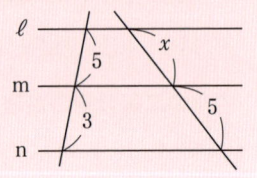

──解答・解説── ランク **A**

① $2:x=3:7 \to 3x=14 \to x=\dfrac{14}{3}$ 答（三角形の相似で考えるといいよ）

② $8:x=10:(10+5) \to 8:x=2:3 \to 2x=24 \to x=12$ 答

③ $3:x=4:(4+8) \to 3:x=1:3 \to x=9$ 答

④ $x:(x+2)=4:6 \to x:(x+2)=2:3 \to 3x=2(x+2)$
　$\to 3x=2x+4 \to x=4$ 答（ここでは8の条件は使わないよ）

練習11　右の図で $\ell /\!/ m /\!/ n$ のとき，x の値を求めなさい。

──解答・解説── ランク **A**

$5:3=x:5 \to 3x=25 \to x=\dfrac{25}{3}$ 答

三角形と比の定理，平行線と比の定理については，正しく使えるようにしておこうね。

4 相似（中3内容）

練習12 2つの長方形A，Bは相似で，その相似比が3：4のとき，この2つの長方形AとBの面積比を求めなさい。

■ 解答・解説 ランクA

相似比が3：4なので，面積比は，$3^2:4^2=9:16$ 答

練習13 円O，O′の半径の比が2：3であるとき，この2つの円の面積比を求めなさい。

■ 解答・解説 ランクA

円は，半径の比が相似比になる。
相似比が2：3なので，面積比は，$2^2:3^2=4:9$ 答

練習14 面積比が2：3である相似な三角形AとBがあります。この2つの三角形の相似比を求めなさい。

■ 解答・解説 ランクA

相似比を$a:b$とすると面積比は，$a^2:b^2=2:3$
よって，$a:b=\sqrt{2}:\sqrt{3}$ 答

練習15 2つの円錐A，Bは相似で，相似比は3：4です。この2つの円錐について，次の問いに答えなさい。
(1) 円錐A，Bの表面積の比を求めなさい。
(2) 円錐A，Bの体積の比を求めなさい。

■ 解答・解説 ランクA

(1) 相似な2つの立体は，展開図も相似になる。
　相似比が3：4なので，表面積の比は，$3^2:4^2=9:16$ 答
(2) 相似比が3：4なので，体積の比は，$3^3:4^3=27:64$ 答

相似な平面図形の面積比と相似な立体の体積比は，相似比が$m:n$のときそれぞれ$m^2:n^2$，$m^3:n^3$となることをしっかり覚えておくこと。

19

第1章 1次検定対策

5 円の性質(中3および高1内容) ▶▶▶ YSJ2:p106～109, YS3:p184～189

●重要事項のまとめ

1　円周角の定理

1つの円で，1つの弧に対する円周角の大きさは一定であり，その弧に対する中心角の半分である。

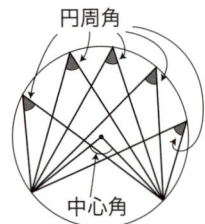

2　円周角の定理の逆

2点C，Dが直線ABの同じ側にあって，
　　∠ACB＝∠ADB
であるとき，4点A，B，C，Dは，1つの円周上にある。

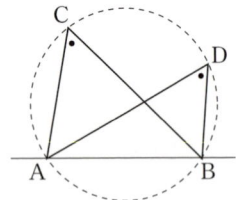

3　円と接線

円の接線は接点を通る半径に垂直である。(図1)
円外の1点から引いた2つの接線の長さは等しい。(図2でAP＝AQ)

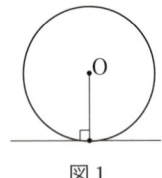
図1

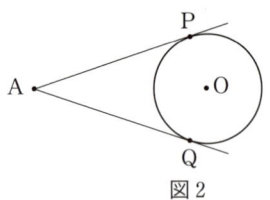
図2

4　円に内接する四角形の定理

対角の和は180°である。(下の図1で $a+b=180°$)
外角は，隣り合う内角の対角に等しい。(下の図2で $c=a$)

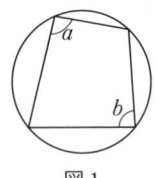
図1

図2

20

5 接弦定理（接線と弦の定理）

円の接線とその接点を通る弦のつくる角は，その角の内部にある弧（図の赤線部分の弧）に対する円周角に等しい。

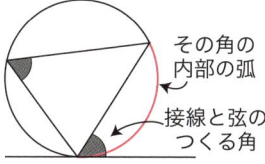

6 方べきの定理

点 A，B，C，D，T は円周上にあり，直線 AB と CD の交点または直線 AB と点 T における接線との交点を P とすると，

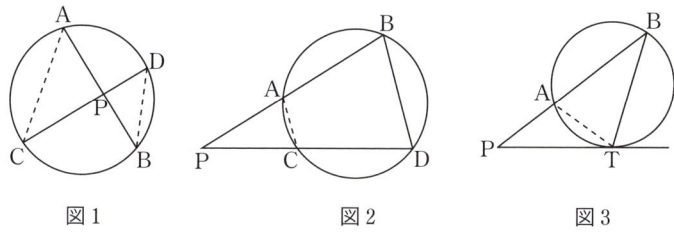

図1　　　　　　　図2　　　　　　　図3

図1，図2において　　PA×PB=PC×PD
図3において　　　　　PA×PB=PT^2

$\Big\}$ が成り立つという定理のこと。

これについては，簡単な証明をしておくね。

・図1の△APCと△DPBで，円周角の定理より∠A=∠D，∠C=∠Bなので，△APC∽△DPB　→　PA:PD=PC:PB　→　PA×PB=PC×PD

・図2の△APCと△DPBで，∠Pは共通，円に内接する四角形の定理より∠ACP=∠DBPなので，△APC∽△DPB　→　PA:PD=PC:PB　→　PA×PB=PC×PD

・図3の△APTと△TPBで∠Pは共通，接弦定理より∠PTA=∠PBTなので，△APT∽△TPB　→　PA:PT=PT:PB　→　PA×PB=PT^2

これらのことは，いずれも三角形の相似を用いて証明できたね。初めはこの定理を覚えるのが大変かもしれませんが，がんばって下さい。覚え方についてはp23に書いてあるよ。

練習16　次の各図で∠xの大きさを求めなさい。

(1)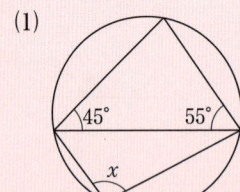

(2)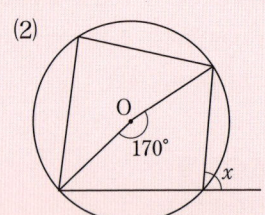

(3)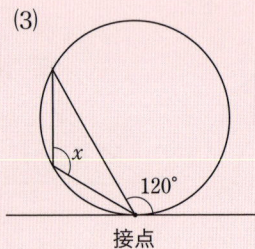

(4)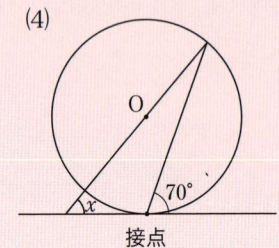

解答・解説　ランク B

(1) 右の図で，三角形の内角の和は180°より，
$$a=180°-(45°+55°)=80°$$
円に内接する四角形の対角の和は180°なので，
$$x+80°=180° \quad \to \quad x=100° 答$$

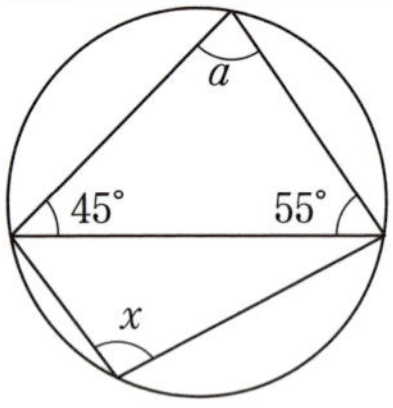

(2) 右の図で，円周角の定理より，
$$b=\frac{170°}{2}=85°$$
円に内接する四角形の外角は，
隣り合う内角の対角に等しいので，
$$x=85° 答$$

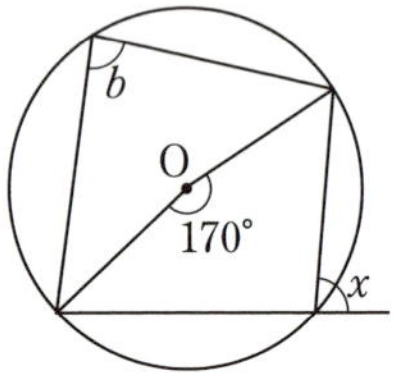

(3) 接弦定理より，$x=120°$ 答

(4) 右の図で，接弦定理より，$a=70°$
また，$b=180°-(70°+90°)=20°$
よって，$x+20°=70° \quad \to \quad x=50°$ 答

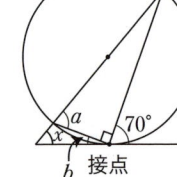

練習17 次の各図で x の長さを求めなさい。

(1)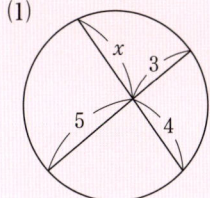
(2)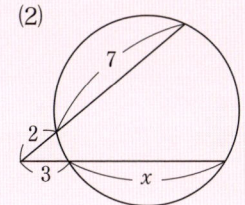
(3)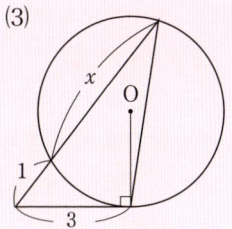

── 解答・解説 ── ランク **B**

(1) 方べきの定理より
$$x \times 4 = 5 \times 3 \quad \rightarrow \quad 4x = 15 \quad \rightarrow \quad x = \frac{15}{4} \text{ 答}$$

(2) 方べきの定理より
$$2 \times (2+7) = 3 \times (3+x) \quad \rightarrow \quad 18 = 9 + 3x \quad \rightarrow \quad x = 3 \text{ 答}$$

(3) 方べきの定理より
$$1 \times (1+x) = 3^2 \quad \rightarrow \quad 1 + x = 9 \quad \rightarrow \quad x = 8 \text{ 答}$$

※方べきの定理の覚え方

> 1つの円における2つの弦の交点（または2つの弦の延長の交点）から同一直線上において，円周上の点までの長さの積は等しい。

と覚えるといいね。

　(3)のタイプについては，本来（？）円周上の2点で交わるところが接点（1点で交わっている）になっているので，この部分は同じ数を2回かける（2乗する）という具合に(2)のタイプと対比して覚えるといいと思う。何回か図をかいて練習するといいね。

第1章 1次検定対策

6 三平方の定理（中3内容）　▶▶▶ YSJ2：p80〜81, YS3：p190〜204

●重要事項のまとめ

1　三平方の定理

右の図の直角三角形で $c^2=a^2+b^2$ が成り立つ。
これは逆も成り立ち，三角形で $c^2=a^2+b^2$ の関係が成り立てば，c を斜辺とし他の2辺が a，b である直角三角形となる。

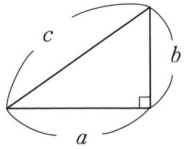

2　特別な直角三角形の3辺の比

・30°，60°の直角三角形　　・直角二等辺三角形

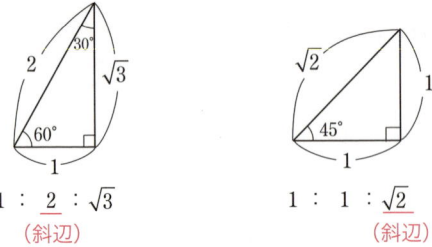

$1 : \underline{2} : \sqrt{3}$ 　　　　　$1 : 1 : \underline{\sqrt{2}}$
　　（斜辺）　　　　　　　　　（斜辺）

このことは，1辺が2の正三角形および1辺が1の正方形を用いて，下のように説明できる。

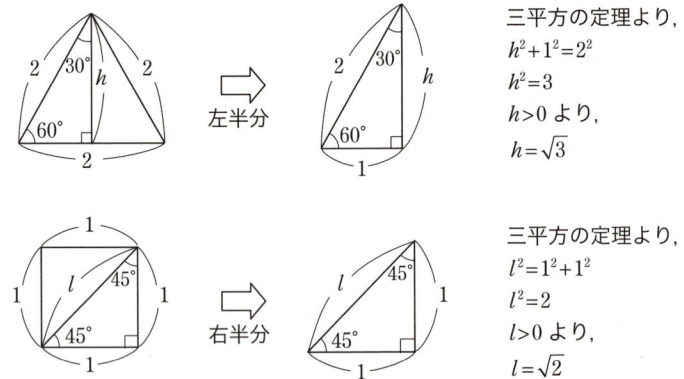

三平方の定理より，
$h^2+1^2=2^2$
$h^2=3$
$h>0$ より，
$h=\sqrt{3}$

三平方の定理より，
$l^2=1^2+1^2$
$l^2=2$
$l>0$ より，
$l=\sqrt{2}$

特別な直角三角形では，この3辺の比を用いてどこか1辺の長さがわかれば残りの辺の長さも求めることができる。次のページの3で確認する。

6 三平方の定理(中3内容)

3 特別な直角三角形の隣り合う辺の関係(これはとても大切)

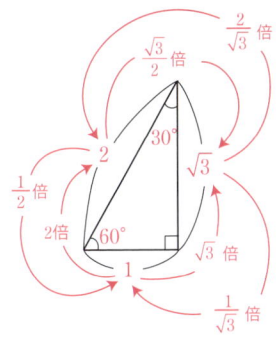
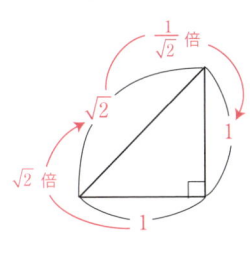

4 2点間の距離

座標平面上の2点 $A(x_1, y_1)$, $B(x_2, y_2)$ 間の距離 AB は,

$$AB = \sqrt{(x_2-x_1)^2+(y_2-y_1)^2}$$ となる。

これは,右の図の直角三角形 ABC で,
三平方の定理より, $AB^2 = AC^2 + BC^2$
すなわち, $AB^2 = (x_2-x_1)^2+(y_2-y_1)^2$

AB>0 より, $AB = \sqrt{(x_2-x_1)^2+(y_2-y_1)^2}$

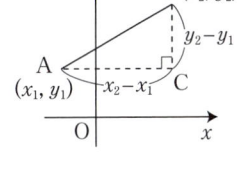

5 長方形の対角線

横 a,縦 b の長方形の対角線の長さ l は,

$$l = \sqrt{a^2+b^2}$$ となる。

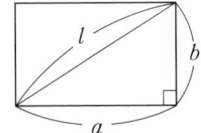

6 直方体の対角線

横 a,縦 b,高さ c の直方体の対角線の長さ l は,

$$l = \sqrt{a^2+b^2+c^2}$$ となる。

これは,右下の図の直角三角形 ABC において,
三平方の定理より, $AB = \sqrt{a^2+b^2}$

l は直角三角形 DBA の斜辺の長さなので,

$$l = \sqrt{AB^2+DA^2} = \sqrt{(\sqrt{a^2+b^2})^2+c^2}$$
$$= \sqrt{a^2+b^2+c^2}$$

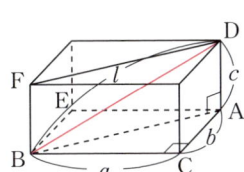

第1章　1次検定対策

(練習18)　右の図のように，AB=11，BC=5，∠C=90°の直角三角形 ABC があります。このとき，AC の長さを求めなさい。

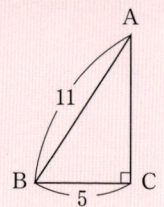

解答・解説　ランクA

三平方の定理より，$5^2+AC^2=11^2$

$AC^2=96$　$AC>0$ より　$AC=\sqrt{96}=4\sqrt{6}$ 答

(練習19)　次の(1)，(2)の長方形の対角線の長さを求めなさい。
(1)　縦5cm，横7cm の長方形
(2)　縦$\sqrt{3}$ cm，横$2\sqrt{3}$ cm の長方形

解答・解説　ランクA

(1)　対角線の長さを l とすると，$l=\sqrt{5^2+7^2}=\sqrt{74}$ （cm）答

(2)　対角線の長さを l とすると，$l=\sqrt{(\sqrt{3})^2+(2\sqrt{3})^2}=\sqrt{15}$ （cm）答

(練習20)　次の(1)，(2)の問に答えなさい。
(1)　1辺の長さが5である正方形の対角線の長さを求めなさい。
(2)　対角線の長さが2である正方形の1辺の長さを求めなさい。

解答・解説　ランクB

(1)　正方形の対角線は，1辺の長さの $\sqrt{2}$ 倍なので，

　　$5\times\sqrt{2}=5\sqrt{2}$ 答

(2)　正方形の1辺は，対角線の長さの $\dfrac{1}{\sqrt{2}}$ 倍なので，

　　$2\times\dfrac{1}{\sqrt{2}}=\sqrt{2}$ 答

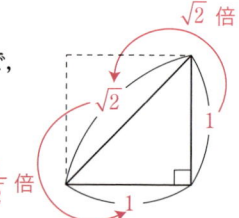

6 三平方の定理（中3内容）

練習21 ∠A=30°, ∠B=60° の直角三角形 ABC について, 次の(1), (2), (3)の問に答えなさい。
(1) BC=2 cm のとき, AB および AC の長さを求めなさい。
(2) AB=5 cm のとき, BC および AC の長さを求めなさい。
(3) AC=$\sqrt{6}$ cm のとき, AB および BC の長さを求めなさい。

解答・解説 ランク B

(1) AB は BC の 2 倍なので,
$$AB = 2 \times 2 = 4 \text{ (cm)} \text{ 答}$$
AC は BC の $\sqrt{3}$ 倍なので,
$$AC = 2 \times \sqrt{3} = 2\sqrt{3} \text{ (cm)} \text{ 答}$$

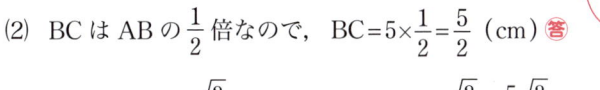

(2) BC は AB の $\frac{1}{2}$ 倍なので, $BC = 5 \times \frac{1}{2} = \frac{5}{2}$ (cm) 答

AC は AB の $\frac{\sqrt{3}}{2}$ 倍なので, $AC = 5 \times \frac{\sqrt{3}}{2} = \frac{5\sqrt{3}}{2}$ (cm) 答

(3) AB は AC の $\frac{2}{\sqrt{3}}$ 倍なので, $AB = \sqrt{6} \times \frac{2}{\sqrt{3}} = 2\sqrt{2}$ (cm) 答

BC は AC の $\frac{1}{\sqrt{3}}$ 倍なので, $BC = \sqrt{6} \times \frac{1}{\sqrt{3}} = \sqrt{2}$ (cm) 答

練習22 座標平面上の2点 $(-1, 3)$, $(5, -3)$ 間の距離を求めなさい。

解答・解説 ランク A

2点間の距離を d とする。2点間の距離の公式より,
$$d = \sqrt{\{5-(-1)\}^2 + (-3-3)^2} = \sqrt{36+36} = 6\sqrt{2} \text{ 答}$$

練習23 縦5 cm, 横3 cm, 高さ2 cm の直方体があります。この直方体の対角線の長さを求めなさい。

解答・解説 ランク A

直方体の対角線を l とすると, $l = \sqrt{5^2 + 3^2 + 2^2} = \sqrt{38}$ (cm) 答

第1章 1次検定対策

[7] 式の計算（高1内容）　▶▶▶ YSJ2：p12〜30

●重要事項のまとめ

1　展開公式

$(ax+b)(cx+d) = acx^2+(ad+bc)x+bd$

$(a+b+c)^2 = a^2+b^2+c^2+2ab+2bc+2ca$

$(a+b)^3 = a^3+3a^2b+3ab^2+b^3$

$(a-b)^3 = a^3-3a^2b+3ab^2-b^3$

$(a+b)(a^2-ab+b^2) = a^3+b^3$

$(a-b)(a^2+ab+b^2) = a^3-b^3$

2　因数分解公式

$acx^2+(ad+bc)x+bd = (ax+b)(cx+d)$

$a^2+b^2+c^2+2ab+2bc+2ca = (a+b+c)^2$

$a^3+3a^2b+3ab^2+b^3 = (a+b)^3$

$a^3-3a^2b+3ab^2-b^3 = (a-b)^3$

$a^3+b^3 = (a+b)(a^2-ab+b^2)$

$a^3-b^3 = (a-b)(a^2+ab+b^2)$

3　分母の有理化と2重根号

・$a>0$，$b>0$，$a \neq b$ のとき，

$$\frac{c}{\sqrt{a}+\sqrt{b}} = \frac{c(\sqrt{a}-\sqrt{b})}{(\sqrt{a}+\sqrt{b})(\sqrt{a}-\sqrt{b})} = \frac{c(\sqrt{a}-\sqrt{b})}{a-b} \text{ など}$$

・$\sqrt{a^2} = |a| = \begin{cases} a & (a \geq 0 \text{ のとき}) \\ -a & (a < 0 \text{ のとき}) \end{cases}$

・$a>0$，$b>0$ のとき，

$$\sqrt{a+b+2\sqrt{ab}} = \sqrt{(\sqrt{a}+\sqrt{b})^2} = \sqrt{a}+\sqrt{b}$$

$$\sqrt{a+b-2\sqrt{ab}} = \sqrt{(\sqrt{a}-\sqrt{b})^2} = |\sqrt{a}-\sqrt{b}|$$

$$= \begin{cases} \sqrt{a}-\sqrt{b} & (a \geq b \text{ のとき}) \\ -(\sqrt{a}-\sqrt{b}) & (a < b \text{ のとき}) \end{cases}$$

7 式の計算（高1内容）

練習24 次の式を展開しなさい。

(1) $(x+2y)(3x-4y)$
(2) $(x+2y+z)^2$
(3) $(x-2y-3z)^2$
(4) $(x+y)^3$
(5) $(2x+y)^3$
(6) $(x-y)^3$
(7) $(2x-3y)^3$
(8) $(x+2)(x^2-2x+4)$
(9) $(x-1)(x^2+x+1)$
(10) $(x-y)(x+y)(3x+y)$

解答・解説　ランクB

(1) 与式 $=3x^2+2xy-8y^2$ 答

(2) 与式 $=x^2+(2y)^2+z^2+2\cdot x\cdot 2y+2\cdot 2y\cdot z+2\cdot z\cdot x$
$=x^2+4y^2+z^2+4xy+4yz+2zx$ 答

(3) 与式 $=\{x+(-2y)+(-3z)\}^2$
$=x^2+(-2y)^2+(-3z)^2+2\cdot x\cdot(-2y)+2\cdot(-2y)\cdot(-3z)+2\cdot(-3z)\cdot x$
$=x^2+4y^2+9z^2-4xy+12yz-6zx$ 答

(4) 与式 $=x^3+3x^2y+3xy^2+y^3$ 答

(5) 与式 $=(2x)^3+3\cdot(2x)^2 y+3\cdot(2x)y^2+y^3=8x^3+12x^2y+6xy^2+y^3$ 答

(6) 与式 $=x^3-3x^2y+3xy^2-y^3$ 答

(7) 与式 $=(2x)^3-3\cdot(2x)^2\cdot 3y+3\cdot 2x\cdot(3y)^2-(3y)^3$
$=8x^3-36x^2y+54xy^2-27y^3$ 答

(8) 与式 $=x^3+8$ 答

(9) 与式 $=x^3-1$ 答

(10) 与式 $=(x^2-y^2)(3x+y)$
$=x^2(3x+y)-y^2(3x+y)$
$=3x^3+x^2y-3xy^2-y^3$ 答

2重根号をはずす問題は，出題頻度は低いけど大切だからマスターしておこう。

2重根号については，数学検定2級でよく出題される。

第1章　1次検定対策

> **練習25**　次の式を因数分解しなさい。
> (1) $6x^2+5x-6$
> (2) $6x^2-13xy+6y^2$
> (3) $a^2+4b^2+9c^2-4ab-12bc+6ca$
> (4) $x^3+9x^2+27x+27$
> (5) $x^3-9x^2+27x-27$
> (6) $x^3-12x^2y+48xy^2-64y^3$
> (7) $(x^2-x)^2-5(x^2-x)-6$
> (8) $ax-bx-ay+by$

解答・解説　ランク **B**

(1) たすきがけによる因数分解
　　与式 $=(2x+3)(3x-2)$ 【答】

```
2       3    →   9
  ✕
3      -2    →  -4
─────────────────
6      -6        5
```

(2) たすきがけによる因数分解
　　与式 $=(2x-3y)(3x-2y)$ 【答】

```
2      -3y   →  -9y
  ✕
3      -2y   →  -4y
──────────────────
6      6y²      -13y
```

(3) 与式 $=a^2+(-2b)^2+(3c)^2+2\cdot a\cdot(-2b)+2\cdot(-2b)\cdot 3c+2\cdot 3c\cdot a$
　　　　$=\{a+(-2b)+(3c)\}^2$
　　　　$=(a-2b+3c)^2$ 【答】

(4) 与式 $=x^3+3\cdot x^2\cdot 3+3\cdot x\cdot 3^2+3^3$
　　　　$=(x+3)^3$ 【答】

(5) 与式 $=x^3+3\cdot x^2\cdot(-3)+3\cdot x\cdot(-3)^2+(-3)^3$
　　　　$=(x-3)^3$ 【答】

(6) 与式 $=x^3-3\cdot x^2\cdot(4y)+3\cdot x(4y)^2-(4y)^3$
　　　　$=(x-4y)^3$ 【答】

(7) $x^2-x=X$ とおくと,
　　与式 $=X^2-5X-6=(X-6)(X+1)$
　　X を元にもどして,
　　　　$(x^2-x-6)(x^2-x+1)=(x-3)(x+2)(x^2-x+1)$ 【答】

(8) $ax-bx-ay+by=\underline{a(x-y)}-\underline{b(x-y)}=(a-b)(x-y)$ 【答】
　　または,
　　$ax-bx-ay+by=\underline{x(a-b)}-\underline{y(a-b)}=(a-b)(x-y)$ 【答】

7 式の計算（高1内容）

練習26 次の分数の分母を有理化して計算しなさい。

(1) $\dfrac{1}{2+\sqrt{3}}$ (2) $\dfrac{\sqrt{3}+\sqrt{2}}{\sqrt{3}-\sqrt{2}}$

(3) $\dfrac{3}{(1+\sqrt{2})^2} - \dfrac{1}{(1-\sqrt{2})^2}$ (4) $\dfrac{2}{5+\sqrt{6}} - \sqrt{6}$

解答・解説　ランク B

(1) $\dfrac{1}{2+\sqrt{3}} = \dfrac{2-\sqrt{3}}{(2+\sqrt{3})(2-\sqrt{3})} = 2-\sqrt{3}$ 答

(2) $\dfrac{\sqrt{3}+\sqrt{2}}{\sqrt{3}-\sqrt{2}} = \dfrac{(\sqrt{3}+\sqrt{2})^2}{(\sqrt{3}-\sqrt{2})(\sqrt{3}+\sqrt{2})} = 5+2\sqrt{6}$ 答

(3) $\dfrac{3}{(1+\sqrt{2})^2} - \dfrac{1}{(1-\sqrt{2})^2} = \dfrac{3}{3+2\sqrt{2}} - \dfrac{1}{3-2\sqrt{2}} = \dfrac{3(3-2\sqrt{2})-(3+2\sqrt{2})}{(3+2\sqrt{2})(3-2\sqrt{2})}$
$= 6-8\sqrt{2}$ 答

(4) $\dfrac{2}{5+\sqrt{6}} - \sqrt{6} = \dfrac{2(5-\sqrt{6})}{(5+\sqrt{6})(5-\sqrt{6})} - \sqrt{6} = \dfrac{10-2\sqrt{6}-19\sqrt{6}}{19}$
$= \dfrac{10-21\sqrt{6}}{19}$ 答

練習27 次の2重根号をはずしなさい。

(1) $\sqrt{7+2\sqrt{12}}$　(2) $\sqrt{5-\sqrt{24}}$　(3) $\sqrt{3-\sqrt{5}}$

解答・解説　ランク B

(1) $\sqrt{7+2\sqrt{12}} = \sqrt{(\sqrt{4}+\sqrt{3})^2} = \sqrt{(2+\sqrt{3})^2} = 2+\sqrt{3}$ 答

(2) $\sqrt{5-\sqrt{24}} = \sqrt{5-2\sqrt{6}} = \sqrt{(\sqrt{3}-\sqrt{2})^2} = \sqrt{(\sqrt{3}-\sqrt{2})^2} = \sqrt{3}-\sqrt{2}$ 答

(3) $\sqrt{3-\sqrt{5}} = \sqrt{\dfrac{6-2\sqrt{5}}{2}} = \dfrac{\sqrt{(\sqrt{5}-1)^2}}{\sqrt{2}} = \dfrac{\sqrt{5}-1}{\sqrt{2}}$ 答　または $\dfrac{\sqrt{10}-\sqrt{2}}{2}$ 答

> 分母・分子に2をかけて $\sqrt{5}$ の前に2をつくりだす！

第1章　1次検定対策

8　2次関数（高1内容）　▶▶▶ YSJ2：P44〜64

● 重要事項のまとめ

1　$y=a(x-p)^2+q$ のグラフ

$y=ax^2$ のグラフを x 軸方向に p，y 軸方向に q だけ平行移動したグラフで，軸の方程式は $x=p$，頂点の座標は (p, q) である。

一般に，$y=f(x)$ を x 軸方向に p，y 軸方向に q だけ平行移動した式は，x を $x-p$，y を $y-q$ と置き換えることで求められる。

この意味は，p80 問題53 を通して詳しく確かめる。

2　$y=ax^2+bx+c$ のグラフ

$y=a(x-p)^2+q$ の形に変形して，頂点の座標 (p, q) および a の符号に注意してかく。

3　2次関数の最大値・最小値

グラフを活用し，与えられた定義域のもとで判断する。

4　2次関数の決定

「3点」，「軸の方程式と2点」，「頂点と他の1点」が与えられた3タイプがある。

5　放物線 $y=ax^2+bx+c$ と x 軸との共有点

$y=ax^2+bx+c$ と x 軸との共有点の x 座標は，2次方程式 $ax^2+bx+c=0$ の解である。

練習28　次の各放物線の頂点の座標を求めなさい。

(1) $y=x^2-2x+3$　　(2) $y=-3x^2-6x+3$

■ 解答・解説　ランク B

(1) $y=x^2-2x+3$

$\quad\quad =x^2-2x+1+2$　← 3を1と2に分ける

$\quad\quad =(x-1)^2+2$　よって，頂点 $(1, 2)$ 答

(2) $y=-3x^2-6x+3$

$\quad\quad =-3(x^2+2x)+3=-3(x^2+2x+1-1)+3=-3\{(x+1)^2-1\}+3$

$\quad\quad =-3(x+1)^2+6$　よって，頂点 $(-1, 6)$ 答

8 2次関数（高1内容）

練習29 $y=x^2+ax+1$ グラフが点 $(-1, -3)$ を通るとき，a の値を求めなさい。

― 解答・解説 ― ランクA

$y=x^2+ax+1$ のグラフが $(-1, -3)$ を通るので，
$$-3=(-1)^2+a\cdot(-1)+1 \quad \rightarrow \quad a=5 \text{ 答}$$

練習30 $y=x^2+ax+b$ グラフが2点 $(1, 6)$, $(-3, 10)$ を通るとき，a, b の値を求めなさい。

― 解答・解説 ― ランクA

$y=x^2+ax+b$ グラフが2点 $(1, 6)$, $(-3, 10)$ を通るので，
$$\begin{cases} 6=1+a+b \\ 10=(-3)^2-3a+b \end{cases} \rightarrow \begin{cases} a+b=5 \\ -3a+b=1 \end{cases} \rightarrow a=1, \ b=4 \text{ 答}$$

練習31 放物線 $y=x^2-3x-10$ のグラフと x 軸との交点の座標を求めなさい。

― 解答・解説 ― ランクA

2次方程式 $x^2-3x-10=0$ を解く。
$$(x-5)(x+2)=0 \quad \rightarrow \quad x=5, \ -2 \quad \text{よって，} (5, 0), (-2, 0) \text{ 答}$$

練習32 放物線 $y=x^2-4x$ を x 軸方向に 1，y 軸方向に -2 だけ平行移動した式を求めなさい。

― 解答・解説 ― ランクB

$y=f(x)$ を x 軸方向に 1，y 軸方向に -2 だけ平行移動した式は，x を $x-1$，y を $y-(-2)$ と置き換えることで求められるので，
$$y-(-2)=(x-1)^2-4(x-1) \quad \rightarrow \quad y+2=x^2-2x+1-4x+4$$
$$y=x^2-6x+3 \text{ 答}$$

9 不等式（高1内容）　▶▶▶ YSJ2：P66〜78

● 重要事項のまとめ

1　不等式の性質

・$A>B$　ならば　$A+C>B+C$, $A-C>B-C$

・$A>B$ で $C>0$　ならば　$AC>BC$, $\dfrac{A}{C}>\dfrac{B}{C}$

・$A>B$ で $C<0$　ならば　$AC<BC$, $\dfrac{A}{C}<\dfrac{B}{C}$

不等式の性質で重要なことは，両辺に負の数をかけたり，負の数で割るときのみ不等号の向きが変わることである。

2　1次不等式の解法

1次不等式の解法は，不等式の性質より，1次方程式の解法とほとんど同じで，$ax<b$ または $ax>b$ の形に整理して，a が負の数のときのみ不等号の向きを変えればよい。

3　2次不等式の解法

(ⅰ)　$ax^2+bx+c>0$ $(a>0)$ の解法

$ax^2+bx+c=0$ の解を α, β $(\alpha<\beta)$ とすると，

右の図(ⅰ)より，$x<\alpha$, $\beta<x$

$ax^2+bx+c\geqq 0$ の解は $x\leqq\alpha$, $\beta\leqq x$

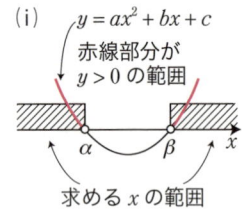

(ⅱ)　$ax^2+bx+c<0$ $(a>0)$ の解法

$ax^2+bx+c=0$ の解を α, β $(\alpha<\beta)$ とすると，

右の図(ⅱ)より，$\alpha<x<\beta$

$ax^2+bx+c\leqq 0$ の解は $\alpha\leqq x\leqq\beta$

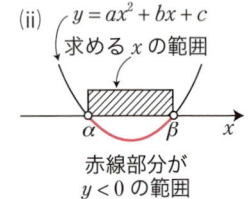

a が負のときには両辺に -1 をかけることで，x^2 の係数を正にできる。よって，2次不等式を解くときは $a>0$ の場合だけを考えると十分だね。

※ α：アルファ，β：ベータと読む。

9 不等式（高1内容）

練習33 次の不等式を解きなさい。
(1) $3x+5<x+3$ (2) $3x+1 \geq 5x+11$

解答・解説　ランクA

(1) $3x+5<x+3$ → $2x<-2$ → $x<-1$ 答
(2) $3x+1 \geq 5x+11$ → $-2x \geq 10$ → $x \leq -5$ 答

練習34 $x^2-3x-4 \leq 0$ について，次の各問に答えなさい。
(1) この2次不等式を解きなさい。
(2) (1)で求めた x の値の範囲を数直線上に表しなさい。

解答・解説　ランクB

(1) $x^2-3x-4 \leq 0$ → $(x-4)(x+1) \leq 0$
よって，右の図より　$-1 \leq x \leq 4$ 答

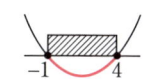

(2) （数直線図）答　または，（数直線図）答

練習35 次の2次不等式を解きなさい。
(1) $x^2-7x+12>0$　(2) $2x^2-9x-5<0$
(3) $6x^2+13x-5 \geq 0$　(4) $-6x^2-13x+5 \leq 0$

解答・解説　ランクB

(1) $x^2-7x+12>0$ → $(x-3)(x-4)>0$
よって，右の図より，$x<3$, $4<x$ 答

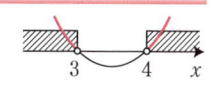

(2) $2x^2-9x-5<0$ → $(x-5)(2x+1)<0$
よって，右の図より，$-\dfrac{1}{2}<x<5$ 答

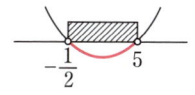

(3) $6x^2+13x-5 \geq 0$ → $(3x-1)(2x+5) \geq 0$
よって，右の図より，$x \leq -\dfrac{5}{2}$, $\dfrac{1}{3} \leq x$ 答

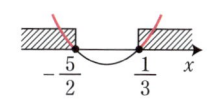

(4) $-6x^2-13x+5 \leq 0$ の両辺に -1 をかけると，(3)と同じ式になる。
よって，(3)の 答 と同じ。

10 三角比（高1内容） ▶▶▶ YSJ2：p80〜104

●重要事項のまとめ

1 三平方の定理と特別な直角三角形の3辺の比

三平方の定理

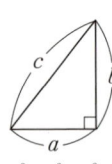

$c^2 = a^2 + b^2$

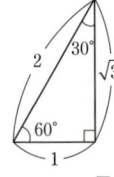

特別な直角三角形の3辺の比

$1 : 2 : \sqrt{3}$

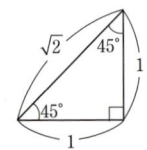

$1 : 1 : \sqrt{2}$

2 三角比の定義

基本的には，直角三角形で隣り合う辺の比のことで，下の(i)，(ii)において，

$\sin\theta = \dfrac{y}{r}$，$\cos\theta = \dfrac{x}{r}$，$\tan\theta = \dfrac{y}{x}$ で定義する。

(i) 直角三角形　　(ii) 半径 r の円（θ は鋭角）　　半径 r の円（θ は鈍角）

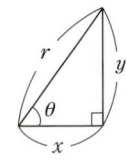

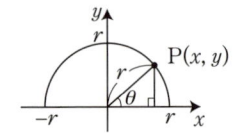

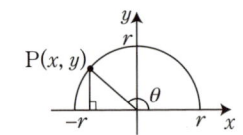

3 三角比の値（$0° \leqq \theta \leqq 180°$）

θ	0°	30°	45°	60°	90°	120°	135°	150°	180°
$\sin\theta$	0	$\dfrac{1}{2}$	$\dfrac{1}{\sqrt{2}}$	$\dfrac{\sqrt{3}}{2}$	1	$\dfrac{\sqrt{3}}{2}$	$\dfrac{1}{\sqrt{2}}$	$\dfrac{1}{2}$	0
$\cos\theta$	1	$\dfrac{\sqrt{3}}{2}$	$\dfrac{1}{\sqrt{2}}$	$\dfrac{1}{2}$	0	$-\dfrac{1}{2}$	$-\dfrac{1}{\sqrt{2}}$	$-\dfrac{\sqrt{3}}{2}$	-1
$\tan\theta$	0	$\dfrac{1}{\sqrt{3}}$	1	$\sqrt{3}$		$-\sqrt{3}$	-1	$-\dfrac{1}{\sqrt{3}}$	0

4 三角比の値の符号

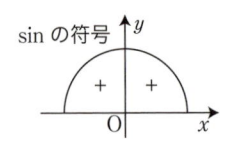

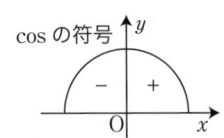

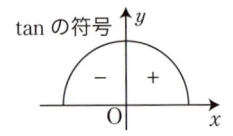

sin の符号　　　　cos の符号　　　　tan の符号

5 三角形の面積公式

三角形の面積を S とすると，a を底辺にとるときの高さ h は $h=b\sin\theta$ より，$S=\dfrac{1}{2}ab\sin\theta$

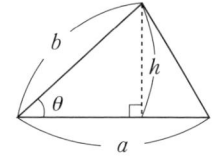

6 三角形の表記法

頂点はアルファベットの大文字 A，B，C などで，それらの対辺をアルファベットの小文字で表す。

7 三角比の相互関係

① $\sin^2\theta+\cos^2\theta=1$ ② $\tan\theta=\dfrac{\sin\theta}{\cos\theta}$

③ $1+\tan^2\theta=\dfrac{1}{\cos^2\theta}$ ※①②はとくに重要

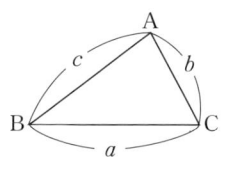

8 正弦定理

△ABC の外接円の半径を R とすると，

$$\dfrac{a}{\sin A}=\dfrac{b}{\sin B}=\dfrac{c}{\sin C}=2R$$

正弦定理で三角形の外接円が出てくる理由は，p94 問題 73 を参照してね。

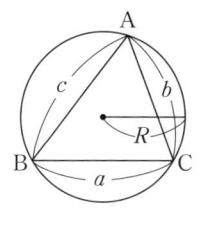

9 余弦定理

△ABC で，

$a^2=b^2+c^2-2bc\cos A$
$b^2=c^2+a^2-2ca\cos B$
$c^2=a^2+b^2-2ab\cos C$

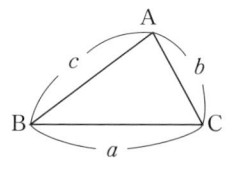

余弦定理の証明は，その一部を p99 問題 83 で扱う。

10 三角比の変形公式

$\sin(180°-\theta)=\sin\theta$ $\sin(90°-\theta)=\cos\theta$ $\sin(90°+\theta)=\cos\theta$
$\cos(180°-\theta)=-\cos\theta$ $\cos(90°-\theta)=\sin\theta$ $\cos(90°+\theta)=-\sin\theta$
$\tan(180°-\theta)=-\tan\theta$ $\tan(90°-\theta)=\dfrac{1}{\tan\theta}$ $\tan(90°+\theta)=-\dfrac{1}{\tan\theta}$

90° に関する変形は，$\sin\to\cos$，$\cos\to\sin$，$\tan\to\dfrac{1}{\tan}$ になることおよび値の符号（前ページの 4）に注意しよう。

180° に関する変形は，sin，cos，tan の記号はそのままなので値の符号だけに注意しよう。

第1章 1次検定対策

練習36 次の値を求めなさい。
(1) $\sin 120°$ (2) $\cos 135°$ (3) $\tan 150°$
(4) $\cos 0°$ (5) $\sin 180°$ (6) $\cos 180°$

解答・解説 ランクA

(1) $\dfrac{\sqrt{3}}{2}$ 答 (2) $-\dfrac{1}{\sqrt{2}}$ 答 (3) $-\dfrac{1}{\sqrt{3}}$ 答 (4) 1 答 (5) 0 答 (6) -1 答

練習37 $0°≦θ≦180°$ のとき，次の条件を満たす $θ$ の値を求めなさい。
(1) $\sinθ=\dfrac{\sqrt{3}}{2}$ (2) $\cosθ=\dfrac{\sqrt{3}}{2}$ (3) $\tanθ=-1$

解答・解説 ランクA

このような方程式を三角方程式というよ。

たとえば(1)では，$\sinθ$ の値が $\dfrac{\sqrt{3}}{2}$ となるような角 $θ$ の大きさを求めなさいということなので，$0°≦θ≦180°$ では $θ=60°$ と $120°$ だね。

練習37〜39の図は次のページの下にかくので参照してね。
(1) $θ=60°, 120°$ 答 (2) $θ=30°$ 答 (3) $θ=135°$ 答

練習38 $θ$ が鋭角で，$\tanθ=1$ のとき，次の値を求めなさい。
(1) $\sinθ$ (2) $\cosθ$

解答・解説 ランクA

$θ=45°$ より，(1) $\sin 45°=\dfrac{1}{\sqrt{2}}$ 答 (2) $\cos 45°=\dfrac{1}{\sqrt{2}}$ 答

練習39 $θ$ が鈍角で，$\sinθ=\dfrac{1}{2}$ のとき，次の値を求めなさい。
(1) $\cosθ$ (2) $\tanθ$

解答・解説 ランクA

$θ=150°$ より，(1) $\cos 150°=-\dfrac{\sqrt{3}}{2}$ 答 (2) $\tan 150°=-\dfrac{1}{\sqrt{3}}$ 答

10 三角比（高1内容）

練習40 $0°<\theta<90°$ で $\sin\theta=\dfrac{1}{5}$ のとき，次の各値を求めなさい。
(1) $\cos\theta$ の値　(2) $\tan\theta$ の値

――解答・解説　ランクA

(1) $\sin^2\theta+\cos^2\theta=1$ …①　　$\sin\theta=\dfrac{1}{5}$ …②

②を①に代入して，$\cos^2\theta=\dfrac{24}{25}$，$0°<\theta<90°$ より，$\cos\theta=\dfrac{2\sqrt{6}}{5}$ 答

(2) $\tan\theta=\dfrac{\sin\theta}{\cos\theta}=\dfrac{\frac{1}{5}}{\frac{2\sqrt{6}}{5}}=\dfrac{1}{5}\div\dfrac{2\sqrt{6}}{5}=\dfrac{1}{5}\times\dfrac{5}{2\sqrt{6}}=\dfrac{1}{2\sqrt{6}}$ 答

として解くのが一般的な方法だけど，次のようにして解くこともできる。

θ が鋭角で，$\sin\theta=\dfrac{1}{5}$ のとき，右の図のような直角三角形ができる。

よって，三平方の定理より，

$a=\sqrt{5^2-1^2}=2\sqrt{6}$

すなわち，$\cos\theta=\dfrac{2\sqrt{6}}{5}$　　$\tan\theta=\dfrac{1}{2\sqrt{6}}$

これならば，簡単にシンプルに求めることができる。

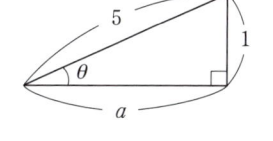

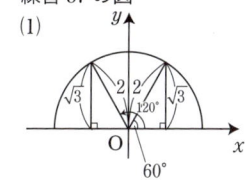

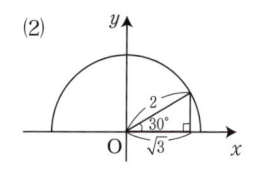

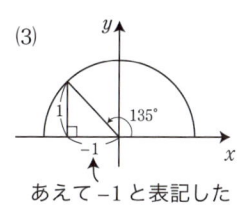

練習37の図
(1)　(2)　(3)

あえて -1 と表記した

練習38の図　　練習39の図

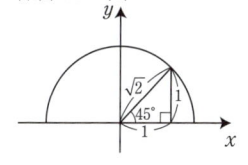

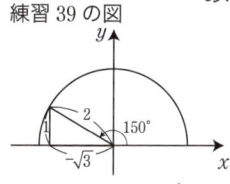

θ が鋭角で $\tan\theta=1$ のとき $\theta=45°$　　θ が鈍角で $\sin\theta=\dfrac{1}{2}$ のとき $\theta=150°$

第1章 1次検定対策

練習41 $0°<\theta<90°$ で，$\cos\theta=\dfrac{2}{3}$ のとき，次の各値を求めなさい。
(1) $\sin\theta$ の値　　(2) $\tan\theta$ の値

――― 解答・解説 ――― ランク A

$0°<\theta<90°$ で，$\cos\theta=\dfrac{2}{3}$ のとき，右の図のようになる。

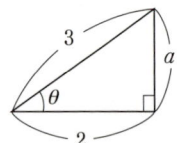

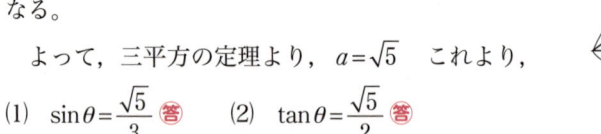

よって，三平方の定理より，$a=\sqrt{5}$　これより，

(1) $\sin\theta=\dfrac{\sqrt{5}}{3}$ 答　　(2) $\tan\theta=\dfrac{\sqrt{5}}{2}$ 答

練習42-1 $0°<\theta<180°$ で，$\tan\theta=\dfrac{2}{3}$ のとき，次の各値を求めなさい。
(1) $\cos\theta$ の値　　(2) $\sin\theta$ の値

――― 解答・解説 ――― ランク A

$0°<\theta<180°$ で，$\tan\theta=\dfrac{2}{3}$ のとき，右の図のようになる。よって，三平方の定理より，$a=\sqrt{13}$

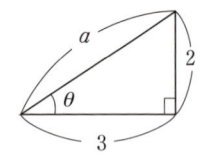

(1) $\cos\theta=\dfrac{3}{\sqrt{13}}$ 答　　(2) $\sin\theta=\dfrac{2}{\sqrt{13}}$ 答

練習42-2 $0°<\theta<180°$ で，$\tan\theta=-\dfrac{2}{3}$ のとき，次の各値を求めなさい。
(1) $\cos\theta$ の値　　(2) $\sin\theta$ の値

――― 解答・解説 ――― ランク A

$0°<\theta<180°$ で，$\tan\theta=-\dfrac{2}{3}$ のとき，右の図のようになる。（練習42-1を参照）

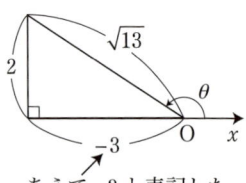

(1) $\cos\theta=-\dfrac{3}{\sqrt{13}}$ 答　　(2) $\sin\theta=\dfrac{2}{\sqrt{13}}$ 答

あえて-3と表記した

10 三角比（高1内容）

練習43 右の図の△ABCの外接円の半径 R を求めなさい。

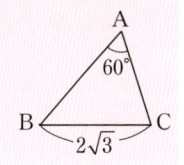

解答・解説　ランク B

正弦定理より，$\dfrac{2\sqrt{3}}{\sin 60°}=2R$

$R=2\sqrt{3}\div \sin 60°\times \dfrac{1}{2}=\sqrt{3}\div \dfrac{\sqrt{3}}{2}=\sqrt{3}\times \dfrac{2}{\sqrt{3}}=2$ 答

練習44 右の図の△ABCで，a の長さを求めなさい。

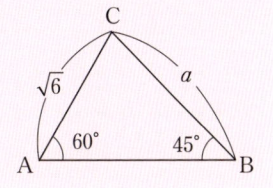

解答・解説　ランク B

正弦定理より，$\dfrac{a}{\sin 60°}=\dfrac{\sqrt{6}}{\sin 45°}$ → $a=\dfrac{\sqrt{6}}{\sin 45°}\times \sin 60°$

$a=\sqrt{6}\div \sin 45°\times \sin 60°=\sqrt{6}\div \dfrac{1}{\sqrt{2}}\times \dfrac{\sqrt{3}}{2}=2\sqrt{3}\times \dfrac{\sqrt{3}}{2}=3$ 答

練習45 右の図の三角形で，x の長さを求めなさい。

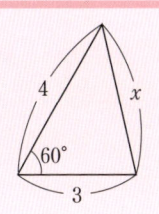

解答・解説　ランク B

余弦定理より，$x^2=4^2+3^2-2\cdot 4\cdot 3\cdot \cos 60°=25-24\cdot \dfrac{1}{2}=13$

$x>0$ より，$x=\sqrt{13}$ 答

> 第1章　1次検定対策

[11] 集合と命題（高1内容）　▶▶▶ YSJ2：p114〜118

●重要事項のまとめ

1　集合

はっきりと区別できるものの集まりのこと。

　例　6の約数の集合，自然数の集合など

2　集合の表し方

値を具体的に書き並べる方法

　例　6の正の約数の集合を A とすると，$A=\{1, 2, 3, 6\}$

※集合を構成する1つ1つのものをその集合の要素ということも覚えておこう。この場合，集合 A の要素は，1，2，3，6であり，これらは，集合 A に属するという。このことを，記号 ∈（属する）を用いて，$1 \in A$，$2 \in A$，$3 \in A$，$6 \in A$ と表す。

条件を示す方法

　例　6の約数の集合を A とすると，$A=\{x \mid x$ は6の約数$\}$

集合 A の要素を代表するものを x として，$\mid$ の右側に x の条件を示す。

3　集合の包含関係

集合 A が集合 B に含まれるとき $A \subset B$ と表す。$A \subset B$ の関係が成り立つとき，A を B の部分集合という。$A \subset B$，$A \supset B$ が同時に成り立つときは，当然 $A=B$ となる。

　例　4の倍数の集合を A，2の倍数の集合を B とするとき，$A \subset B$ となる。
　　　整数の集合を A，16の約数の集合を B とするとき，$A \supset B$ となる。

4　全体集合と補集合

全体集合 U の中に集合 A が含まれているとき，集合 A の要素でないものを A の補集合といい，$\overline{A}$ で表す。（A バーと読む）

　例　全体集合 U を10以下の自然数，集合 A を8の正の約数とすると，
　　　$U=\{1, 2, 3, 4, 5, 6, 7, 8, 9, 10\}$
　　　$A=\{1, 2, 4, 8\}$
　　　$\overline{A}=\{3, 5, 6, 7, 9, 10\}$

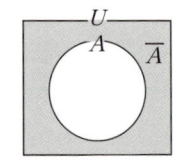

5 共通部分と和集合

集合 A と集合 B のどちらにも属する要素のことを，$A \cap B$（A キャップ B と読む）で表し，集合 A と集合 B の共通部分という。

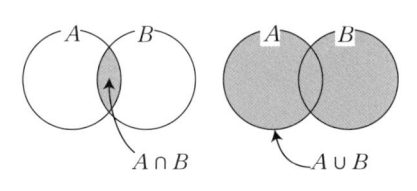

集合 A と集合 B の少なくとも一方に属する要素全体からなる集合のことを，$A \cup B$（A カップ B と読む）で表し，集合 A と集合 B の和集合という。

6 集合の個数

集合 A を構成する要素の個数を $n(A)$ で表す。

$n(A) + n(\overline{A}) = n(U)$ ← 前ページ 4 の**全体集合と補集合**

$n(A \cap B) = n(A) + n(B) - n(A \cup B)$
$n(A \cup B) = n(A) + n(B) - n(A \cap B)$ ← 上記 5 の**共通部分と和集合**

もちろん，$n(A \cap B) = 0$ のとき，$n(A \cup B) = n(A) + n(B)$

7 命題

ある事柄で，真（正しい）・偽（まちがい）がはっきりと判断できるものを命題という。命題が偽であることを示すには，反例（成り立たない例）を 1 つ示せばよい。

8 命題の逆・裏・対偶

条件 p の否定を $\overline{p}$ で表す。命題「p ならば（以後→）q」があるとき，命題「$q \to p$」を逆，「$\overline{p} \to \overline{q}$」を裏，「$\overline{q} \to \overline{p}$」を対偶という。

命題「$p \to q$」が真であるとき，その対偶も真であることは特に重要である。もとの命題とその対偶は真偽が一致する。

右の図は，P，Q がそれぞれ条件 p，q を満たすものの集合であるときの，命題「$p \to q$」が真であるときの包含関係である。この図からその対偶「$\overline{q} \to \overline{p}$」が成り立つことがわかる。$\overline{Q}$（$Q$ の外側）ならば $\overline{P}$（P の外側）だからね。

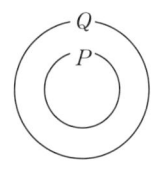

9 必要条件と十分条件

命題「$p \to q$」があるとき，q を p であるための必要条件，p を q であるための十分条件という。

第1章　1次検定対策

練習46　次の集合 A を，要素を書き並べる方法で表しなさい。
$A=\{x|x$ は 30 未満の 7 の正の倍数$\}$

― 解答・解説 ― ランクA

x の条件が，「$0<x<30$ の範囲で，7 の倍数である数」なので，
$A=\{7, 14, 21, 28\}$ 答

練習47　集合 $A=\{1, 2, 3, 4, 5\}$ と集合 $B=\{1, 3, 6\}$ について，次の問に答えなさい。
(1)　集合 $A \cap B$ を要素を書き並べる方法で表しなさい。
(2)　集合 $A \cup B$ の要素の個数を求めなさい。

― 解答 ― ランクA

(1)　$A \cap B = \{1, 3\}$ 答
(2)　$A \cup B = \{1, 2, 3, 4, 5, 6\}$　よって，$n(A \cup B) = 6$（個）答

練習48　6 以上 50 以下の自然数全体の集合を U とし，U の要素のうち 5 の倍数全体の集合を A する。このとき，次の問に答えなさい。
(1)　集合 A の要素の個数を求めなさい。
(2)　集合 $\overline{A}$ の要素の個数を求めなさい。

― 解答・解説 ― ランクA

(1)　10, 15, 20, …45, 50 = 5×(2, 3, 4, … 9, 10)
よって，集合 A の個数は，$10-2+1=9$（個）答
※連続した整数の個数は，
　「最後の数 − 最初の数 + 1」　で求められる。（これ重要）
(2)　全体集合 U の個数は，$50-6+1=45$（個）
よって $n(\overline{A}) = n(U) - n(A) = 45 - 9 = 36$（個）答

11 集合と命題（高1内容）

練習49 次の命題は真であるか，偽であるか答えなさい。
(1) 二等辺三角形の2つの底角は等しい。
(2) $a>0$ のとき，a の平方根は，$\pm\sqrt{a}$ である。
(3) $\sqrt{25}$ の値は ± 5 である。
(4) 1つの円において，弧の長さは円周角に比例する。
(5) 奇数の2乗に1を加えた数は奇数である。

解答・解説 ランクA

(1) 真 答　(2) 真 答　(3) 偽 答　(4) 真 答　(5) 偽 答

(3)について，$\sqrt{25}$ の値は5だね。

(5)について，奇数を $2n+1$ とすると，（n は整数）

　$(2n+1)^2+1=4n^2+4n+2=2(2n^2+2n+1)$ となって偶数になるね。

練習50 次の命題の逆，裏，対偶をいいなさい。また，それらが真であるか偽であるか答えなさい。

　　「$x=6$ ならば $x^2=36$ である」

解答・解説 ランクB

逆「$x^2=36$ ならば $x=6$ である」答　：偽 答　反例……$x=-6$
裏「$x\neq 6$ ならば $x^2\neq 36$ である」答　：偽 答　反例……$x=-6$
対偶「$x^2\neq 36$ ならば $x\neq 6$ である」答　：真 答

元の命題「$x=6$ ならば $x^2=36$ である」は真だね。したがって，元の命題が真なので，その対偶も真だね。

練習51 次の命題について，(1)，(2)の問に答えなさい。

　　「$x=2$ ならば $x^2=4$ である」

(1) $x^2=4$ であることは $x=2$ であるための（　　）条件である。
(2) $x=2$ であることは $x^2=4$ であるための（　　）条件である。

解答 ランクB

(1) 必要 答　(2) 十分 答

第1章　1次検定対策

12　場合の数と確率（高1内容）　▶▶▶ YSJ2：p120〜143

●重要事項のまとめ

1　試行と事象

試行とは，「サイコロを振る」，「カードを引く」，…などの行為のこと。
事象とは，「ある試行の結果として起こる事柄」のこと。

2　和の法則と積の法則

事象 A の起こり方が m 通り，事象 B の起こり方が n 通りある。事象 A と事象 B は同時に起こらないとき，事象 A または事象 B が起こる場合の数は，$m+n$ 通りとなる。これを和の法則という。

事象 A の起こり方が m 通りあり，それらのそれぞれについて事象 B の起こり方が n 通りあるとき，事象 A と事象 B がともに起こる場合の数は，mn 通りとなる。これを積の法則という。

3　階乗

異なる n 個のものをすべて1列に並べるときの並び方の総数は，$n!$（n の階乗）で求められる。

例　$3!=3×2×1=6$　　$5!=5×4×3×2×1=120$

4　順列

n 個の異なるものから r 個を取り出して1列に並べたものを，n 個から r 個を取る順列といい，その総数を $_n\mathrm{P}_r$ で表す。

例　$_5\mathrm{P}_2=5×4=20$　　$_5\mathrm{P}_3=5×4×3=60$

5　組合せ

異なる n 個のものから r 個を選ぶときの選び方の総数を，n 個から r 個を取る組合せといい，その総数を $_n\mathrm{C}_r$ で表す。$_n\mathrm{C}_r=\dfrac{_n\mathrm{P}_r}{r!}$ として求める。この公式の意味は，まず，n 個のうち r 個を選んで1列に並べる（$_n\mathrm{P}_r$ 通り）。この中に r 個の並び替えの総数分（$r!$ 通り）だけ同じものが含まれるので，$r!$ で割るという考え方。

例　$_3\mathrm{C}_2=\dfrac{_3\mathrm{P}_2}{2!}=\dfrac{3\cdot2}{2\cdot1}=3$　　$_5\mathrm{C}_3=\dfrac{_5\mathrm{P}_3}{3!}=\dfrac{5\cdot4\cdot3}{3\cdot2\cdot1}=10$

6　同じものを含むものの順列公式

n 個のうち p 個は同じもの，q 個は同じもの，r 個は同じもの…が含まれているとき，この n 個のものすべてを1列に並べる順列の総数は，

$$\frac{n!}{p!q!r!\cdots}$$ で求められる。（ただし $p+q+r+\cdots=n$）

これは，まず，n 個がすべて異なるものと考えて1列に並べ（$n!$ 通り），この中に，積の法則より，$p!q!r!\cdots$ 分だけ同じものが含まれるので，これで割るという考え方。

7　独立な試行の確率

独立な試行とは，互いに全く影響を与えない試行のこと。独立な試行の確率は，それぞれの確率の積で求められる。

例　1個のサイコロを2回続けて投げて，1回目に3以上の目が出て，2回目に4の目が出る確率は，$\frac{4}{6}\times\frac{1}{6}=\frac{1}{9}$ という具合にかけ算で求めることができる。

例　3枚の硬貨を同時に投げるとき，3枚とも表が出る確率は，

$\frac{1}{2}\times\frac{1}{2}\times\frac{1}{2}=\frac{1}{8}$ という具合に，上の例と同様に求めることができる。

8　和事象の確率

$P(A\cup B)=P(A)+P(B)-P(A\cap B)$　…①
$P(A\cup B)=P(A)+P(B)$（確率の加法定理）　…②　← $P(A\cap B)=0$ のとき

上の①，②をまとめて確率の加法定理ということもある。
①の式は，「A または B の起こる確率」が，「A が起こる確率」と「B が起こる確率」をたして，「A かつ B となる確率」を引くことで求められることを意味する。②の式の意味はわかるね。次の例で確かめておこう。

例　1個のサイコロを投げて，3以下の目が出る事象を A，3または4の目が出る事象を B とするとき，A または B となる確率は，

$$P(A\cup B)=P(A)+P(B)-P(A\cap B)=\frac{3}{6}+\frac{2}{6}-\frac{1}{6}=\frac{2}{3}$$

例　1個のサイコロを投げて，3以下の目が出る事象を A，4以上の目が出る事象を B とするとき，A または B となる確率は，

$$P(A\cup B)=P(A)+P(B)=\frac{3}{6}+\frac{3}{6}=1$$ ← $P(A\cap B)=0$

第1章　1次検定対策

9　反復試行の確率

反復試行とは，同じ試行を何回か繰り返す試行のこと。1回の試行で事象 A の起こる確率を p とすると，事象 A が起こらない確率は $1-p$，この試行を n 回繰り返すとき，事象 A がちょうど r 回起こる確率は，${}_nC_r p^r(1-p)^{n-r}$ で求められる。

例　さいころを5回投げて，3の目がちょうど2回出る確率は，

$${}_5C_2\left(\frac{1}{6}\right)^2\left(1-\frac{1}{6}\right)^3 = 10 \times \frac{1}{36} \times \frac{125}{216} = \frac{625}{3888}$$

練習52　大小2つのさいころを振るとき，次の問に答えなさい。
(1) 出る目の数の和が6になるのは何通りありますか。
(2) 出る目の数の和が6になる確率を求めなさい。

── 解答・解説 ── ランク A

(1) 目の数の和が6となるのは，
　　(大, 小) = (1, 5), (2, 4), (3, 3), (4, 2), (5, 1) の5通り 答

(2) (1)より，求める確率は，$\frac{5}{36}$ 答

練習53　次の値を求めなさい。
(1) $5!$　(2) ${}_{10}P_3$　(3) ${}_{10}C_3$　(4) ${}_8C_2$　(5) ${}_8C_6$

── 解答・解説 ── ランク A

(1) $5! = 5 \cdot 4 \cdot 3 \cdot 2 \cdot 1 = 120$ 答

(2) ${}_{10}P_3 = 10 \cdot 9 \cdot 8 = 720$ 答

(3) ${}_{10}C_3 = \frac{{}_{10}P_3}{3!} = \frac{10 \cdot 9 \cdot 8}{3 \cdot 2 \cdot 1} = 120$ 答

(4) ${}_8C_2 = \frac{{}_8P_2}{2!} = \frac{8 \cdot 7}{2 \cdot 1} = 28$ 答

(5) ${}_8C_6 = \frac{{}_8P_6}{6!} = \frac{8 \cdot 7 \cdot 6 \cdot 5 \cdot 4 \cdot 3}{6 \cdot 5 \cdot 4 \cdot 3 \cdot 2 \cdot 1} = 28$ 答

　これは(4)とまったく同じだね。異なる8個のものから6個を選ぶのは，残りの2個を選ぶのと同じになる。すなわち ${}_8C_6 = {}_8C_2$ だね。

　　一般に ${}_nC_r = {}_nC_{n-r}$ が成り立つ。

練習54 10人から4人の委員を選ぶとき，その選び方は何通りありますか。

■ 解答・解説　ランクA

10人から4人を選ぶので，

$$_{10}C_4 = \frac{_{10}P_4}{4!} = \frac{10 \cdot 9 \cdot 8 \cdot 7}{4 \cdot 3 \cdot 2 \cdot 1} = 210 \text{ （通り）}\ \text{答}$$

練習55 A，B，C，D，E，Fの6人からくじ引きで2人を選ぶとき，次の問に答えなさい。
(1) 2人の選び方は全部で何通りありますか。
(2) 2人の中にAが含まれる確率を求めなさい。

■ 解答・解説　ランクA

(1) 6人から2人を選ぶので，

$$_6C_2 = \frac{_6P_2}{2!} = \frac{6 \cdot 5}{2 \cdot 1} = 15 \text{ （通り）}\ \text{答}$$

(2) 選んだ2人の中にAが含まれるのは，

(A, B), (A, C), (A, D), (A, E), (A, F) の5通り。

よって，求める確率は，$\dfrac{5}{15} = \dfrac{1}{3}$ 答

練習56 8人の生徒を同じ人数のグループA，Bに分けます。何通りの分け方がありますか。

■ 解答・解説　ランクB

8人の生徒を同じ人数のグループA，Bに分けるとき，8人からAまたはBグループに入る4人を選べばよいので，

$$_8C_4 = \frac{_8P_4}{4!} = \frac{8 \cdot 7 \cdot 6 \cdot 5}{4 \cdot 3 \cdot 2 \cdot 1} = 70 \text{ （通り）}\ \text{答}$$

第2章

2次検定対策

1. 平方根と整数の証明（中3内容）
2. 2次方程式（中3内容）
3. $y=ax^2$（中3内容）
4. 相似な図形と三平方の定理と円（中3および高1内容）
5. 対称式（高1内容）
6. 2次関数（高1内容）
7. 不等式と判別式（高1内容）
8. 三角比（高1内容）
9. 場合の数と確率（高1内容）
10. 平面図形（高1内容）

第2章 2次検定対策

1 平方根と整数の証明（中3内容） ▶▶▶ YS3：p104〜119

問題1 n を正の整数とするとき，$\sqrt{150n}$ が整数となるような最小の n の値を求めなさい。

解答・解説 ランク **B**

150 を素因数分解すると，$150=2\times3\times5^2$ より，
$$\sqrt{150n}=\sqrt{5^2\times(2\times3)\times n}$$

よって，$n=2\times3$ のとき，
$$\sqrt{150n}=\sqrt{5^2\times2^2\times3^2}=\sqrt{(5\times2\times3)^2}=5\times2\times3$$

となって，整数になる。

よって，求める最小の n の値は，$n=2\times3=6$ 答

参考までに，2番目に小さい n は，$n=6\times2^2=24$ となるね。

問題2 n を正の整数とするとき，$\sqrt{\dfrac{35n}{3}}$ が整数となるような最小の n を求めなさい。

解答・解説 ランク **B**

$$\sqrt{\dfrac{35n}{3}}=\sqrt{\dfrac{5\times7}{3}\times n} \quad \cdots ①$$

①で，$n=3\times5\times7$ のとき，①は，
$$\sqrt{\dfrac{5\times7}{3}\times3\times5\times7}=\sqrt{5^2\times7^2}=\sqrt{(5\times7)^2}=35 \quad \leftarrow \text{整数になった}$$

よって，求める最小の n の値は，$n=3\times5\times7=105$ 答

$\sqrt{a}$ が正の整数となるとき，$a=(□\times○\times△\times\cdots)^2$（ただし，□，○，△，…は自然数）となるときだね。この考え方は重要なのでしっかり覚えておくこと！

1 平方根と整数の証明（中3内容）

問題3 n を正の整数とするとき，$\sqrt{16-n}$ が整数となるような n の値をすべて求めなさい。

━━ 解答・解説 ━━ ランク **B** ━━━━━━━━━━━━━━━

$\sqrt{\ }$ の中の値は，0以上なので，$16-n \geq 0$ より，$n \leq 16$
また，n は正の整数なので，$0 < n \leq 16$
$\sqrt{16-n}$ が整数となるときの値は，

$16-n=0,\ 16-n=1,\ 16-n=4,\ 16-n=9$

のときである。

よって，求める n の値は，$n=16,\ 15,\ 12,\ 7$ **答** のときである。

$\sqrt{a}$ の値が整数となるのは，$a=0,\ 1,\ 4,\ 9,\ 16,\ \cdots$ のときだね。整数という条件があるので，0を見落とさないように注意しよう。

問題4 次の問に答えなさい。
(1) a を整数とするとき，$3 \leq \sqrt{a} \leq 5$ をみたす整数 a の値をすべて求めなさい。
(2) a を自然数とするとき，$\sqrt{4} < a < \sqrt{81}$ をみたす自然数 a の値をすべて求めなさい。

━━ 解答・解説 ━━ ランク **B** ━━━━━━━━━━━━━━━

(1) $3=\sqrt{9},\ 5=\sqrt{25}$ より，$3 \leq \sqrt{a} \leq 5$ は，$\sqrt{9} \leq \sqrt{a} \leq \sqrt{25}$ と同じ式である。
すなわち a の値の範囲は，$9 \leq a \leq 25$ となる。
これをみたす整数 a の値は，

$a=9,\ 10,\ 11,\ 12,\ 13,\ 14,\ 15,\ 16,\ 17,\ 18,\ 19,\ 20,\ 21,\ 22,$
$23,\ 24,\ 25$ **答**

(2) $\sqrt{4}=2,\ \sqrt{81}=9$ より，$\sqrt{4}<a<\sqrt{81}$ は，$2<a<9$ と同じ式である。これをみたす自然数 a の値は，

$a=3,\ 4,\ 5,\ 6,\ 7,\ 8$ **答**

ここでは，不等号に ＝（イコール）が付いているか，いないかに十分に注意して処理することが大切なんだね。

第2章 2次検定対策

問題 5 a を整数とするとき，$3 \leq \sqrt{2a} \leq 5$ をみたす整数 a の値をすべて求めなさい。

解答・解説 ランク B

$3 = \sqrt{9}$，$5 = \sqrt{25}$ より $3 \leq \sqrt{2a} \leq 5$ は，

$$\sqrt{9} \leq \sqrt{2a} \leq \sqrt{25}$$

となる。

よって，a の値の範囲は，

$$9 \leq 2a \leq 25 \text{ より，} \frac{9}{2} \leq a \leq \frac{25}{2}$$

すなわち，$4.5 \leq a \leq 12.5$

これをみたす整数 a の値は，$a = 5, 6, 7, 8, 9, 10, 11, 12$ 答

問題 6 a を整数とするとき，$\sqrt{20} < a < \sqrt{80}$ をみたす整数 a の値をすべて求めなさい。

解答・解説 ランク B

$\sqrt{20} < a < \sqrt{80}$ …①

$\sqrt{16} < \sqrt{20} < \sqrt{25}$ なので，$4 < \sqrt{20} < 5$ より，$\sqrt{20} = 4.\cdots$

となる。同様に，

$\sqrt{64} < \sqrt{80} < \sqrt{81}$ なので，$8 < \sqrt{80} < 9$ より，$\sqrt{80} = 8.\cdots$

となる。

よって，①は，$4 < a < 9$ となる。

これをみたす整数 a の値は，$a = 5, 6, 7, 8$ 答

ここでは，大小関係から $\sqrt{20}$ と $\sqrt{80}$ のおよその値をみつけることがポイントだったんだね。数学検定の2次検定では，電卓が利用できるので，実際には電卓でこれらの値を出すかもしれないけど，考え方が大切なのでしっかり理解しておこう。

1 平方根と整数の証明（中3内容）

問題7 m を整数とするとき，$\sqrt{2m-1}$ の値が1桁の正の整数となるような m の値をすべて求めなさい。

解答・解説 ランク B

$\sqrt{2m-1}$ が1桁の正の整数となるとき，

$2m-1=1$, $2m-1=4$, $2m-1=9$, $2m-1=16$, $2m-1=25$,
$2m-1=36$, $2m-1=49$, $2m-1=64$, $2m-1=81$

である。

以上より，求める整数 m の値は，

$m=1$, 5, 13, 25, 41 答

$2m-1=4$, $2m-1=16$, $2m-1=36$, $2m-1=64$ については，左辺は奇数（$2m-1$），右辺は偶数になっている。したがって，これらをみたす整数 m は存在しないから，

$2m-1=1$, $2m-1=9$, $2m-1=25$, $2m-1=49$, $2m-1=81$

についてのみ調べるとよい。

問題8 n を500以下の自然数とするとき，$\sqrt{n}$ が整数となるような n は全部で何個あるか求めなさい。

解答・解説 ランク B

$1^2=1$, $2^2=4$, $3^2=9$, $\cdots$, $21^2=441$, $22^2=484$, $23^2=529$

よって，$\sqrt{n}$ が整数となるときの n の値は，

$n=1$, 4, 9, $\cdots$, 441, 484

$=1^2$, 2^2, 3^2, $\cdots$, 21^2, 22^2

すなわち，整数 n の個数は，22個 答

$11^2=121$, $12^2=144$, $13^2=169$, $14^2=196$, $15^2=225$, $16^2=256$, $17^2=289$, $18^2=324$, $19^2=361$, および $2^{10}=1024$ などの値はしっかり覚えておこうね。

第2章 2次検定対策

問題9 $\sqrt{5}$ の小数部分を a とするとき，a^2 の値を求めなさい。

―解答・解説― ランク B

$\sqrt{5}$ の整数部分は 2 なので，a の小数部分は，$a=\sqrt{5}-2$，よって，
$a^2=(\sqrt{5}-2)^2=9-4\sqrt{5}$ 答

小数部分・整数部分についてもう一度，確認しておこう。たとえば，小数 1.35 の小数部分は，0.35 になるのはいいね。すなわち，ある値の小数部分を求めるには，その値の整数部分を引けば求められたね。

すなわち，1.35 の小数部分 $=1.35-1$（1.35 の整数部分）$=0.35$

したがって，$\sqrt{5}=2.236\cdots$ より，$\sqrt{5}$ の小数部分 $=\sqrt{5}-2$ となる。

$\sqrt{5}=2.2360679$（富士山ろくおうむ鳴く）などは，覚えておこう。この値を覚えていない人は，問題6と同じ手法で整数部分を求めることができる。$\sqrt{4}<\sqrt{5}<\sqrt{9}$ より，$\sqrt{5}=2.\cdots$ となるね。

問題10 次の(1)，(2)のことがらを証明しなさい。
(1) 奇数の2乗に1を加えると偶数になる。
(2) 奇数の2乗に奇数の2乗を加えると偶数になる。

―解答・解説― ランク B

(1) ［証明］ 奇数を $2n+1$ とする。（n は整数）
$(2n+1)^2+1=4n^2+4n+1+1=4n^2+4n+2$
$\qquad =2(2n^2+2n+1)$ ここで，$2n^2+2n+1$ も整数。
よって，成り立つ。

(2) ［証明］ 2つの奇数をそれぞれ $2m+1$，$2n+1$ とする。（m，n は整数）
$(2m+1)^2+(2n+1)^2=4m^2+4m+1+4n^2+4n+1$
$\qquad =4m^2+4m+4n^2+4n+2$
$\qquad =2(2m^2+2m+2n^2+2n+1)$
ここで，$2m^2+2m+2n^2+2n+1$ も整数である。よって，成り立つ。

1 平方根と整数の証明（中3内容）

問題11 3で割ると1余る正の整数と3で割ると2余る正の整数があります。この2数のそれぞれの平方の和は，3で割ると2余ることを証明しなさい。

― 解答・解説 ― ランクB ―

［証明］ m, n を0以上の整数として，3で割ると1余る正の整数を $3m+1$，3で割ると2余る正の整数を $3n+2$ とする。

$(3m+1)^2+(3n+2)^2 = 9m^2+6m+1+9n^2+12n+4$
$\qquad\qquad\qquad\quad = 9m^2+6m+9n^2+12n+5$
$\qquad\qquad\qquad\quad = 9m^2+6m+9n^2+12n+3+2$ ← 5を3と2に分ける
$\qquad\qquad\qquad\quad = 3(3m^2+2m+3n^2+4n+1)+2$

ここで，$3m^2+2m+3n^2+4n+1$ も正の整数である。

よって，成り立つ。

問題12 次の(1)，(2)のことがらを証明しなさい。
(1) 連続する2つの偶数について，この2つの数の積に1を加えると，この2つの偶数の間にある奇数の平方になる。
(2) 連続する2つの奇数について，大きいほうの奇数の平方から小さいほうの奇数の平方を引くと，8の倍数になる。

― 解答・解説 ― ランクB ―

(1) ［証明］ 連続する2つの偶数を $2m, 2m+2$ とする。（m は整数）

$2m(2m+2)+1 = 4m^2+4m+1$
$\qquad\qquad\qquad = (2m+1)^2$

よって，成り立つ。

(2) ［証明］ 連続する2つの奇数を $2n+1, 2n+3$ とする。（n は整数）

$(2n+3)^2-(2n+1)^2 = 4n^2+12n+9-(4n^2+4n+1)$
$\qquad\qquad\qquad\quad\;\; = 8n+8$
$\qquad\qquad\qquad\quad\;\; = 8(n+1)$

ここで，$n+1$ も整数である。よって，成り立つ。

第2章 2次検定対策

② 2次方程式（中3内容） ▶▶▶ YS3：p151～153

問題13 n を正の整数とします。面積が，$(n^2+19n+84)$ cm² で表される長方形について，この長方形の横の長さが $(n+7)$ cm であるとき，次の問に答えなさい。
(1) この長方形の縦の長さを求めなさい。
(2) この長方形の面積が 150 cm² であるとき，縦と横の長さを求めなさい。

― 解答・解説 ― ランクA

(1)　$n^2+19n+84=(n+7)(n+12)$
　　　よって，縦の長さは，$(n+12)$ cm 答

(2)　$n^2+19n+84=150$ → $n^2+19n-66=0$
　　　　$(n-3)(n+22)=0$　　$n>0$ より，$n=3$
　　　よって，縦の長さは，$3+12=15$（cm）⎫
　　　　　　横の長さは，$3+7=10$（cm）⎭ 答

問題14 2次方程式 $(x-1)^2=ax+3$ の1つの解が -2 であるとき，次の問に答えなさい。
(1) a の値を求めなさい。
(2) もう1つの解を求めなさい。

― 解答・解説 ― ランクA

(1)　$(x-1)^2=ax+3$ …① の1つの解が -2 であるから，
　①に $x=-2$ を代入して，
　　　$(-2-1)^2=-2a+3$　これより，$a=-3$ 答
(2)　(1)より，①は，
　　　$(x-1)^2=-3x+3$ → $x^2+x-2=0$
　　　$(x+2)(x-1)=0$
　　　$x=-2,\ 1$
　　　よって，もう1つの解は，$x=1$ 答

58

2　2次方程式（中3内容）

問題15　2次方程式 $x^2-6x+a=0$ について，次の問に答えなさい。
(1)　この2次方程式の1つの解が4であるとき，a の値と他の解を求めなさい。
(2)　この2次方程式の解が1つになるときの a の値を求めなさい。

■ 解答・解説 ■ ランクA

(1)　$x^2-6x+a=0$　…①　の1つの解が4であるから，
　　①に $x=4$ を代入して，
　　　$4^2-6\cdot4+a=0$　これより，$a=8$
　　このとき①は，$x^2-6x+8=0$　→ $(x-4)(x-2)=0$
　　よって，$x=4, 2$　以上より，$a=8$ 答　他の解：$x=2$ 答

(2)　$x^2-6x+a=0$　…①　の解がただ1つであるとき，①は，x の係数が -6 であることから，$(x-3)^2=0$ と変形できる。
　　　$(x-3)^2=x^2-6x+9$ より，$a=9$ 答

問題16　$x=5$ と $x=-4$ を解にもつ2次方程式で，x^2 の係数が1であるものと x^2 の係数が3であるものを求めなさい。

■ 解答・解説 ■ ランクB

$x=5$ と $x=-4$ を解にもつ2次方程式で，x^2 の係数が1であるものは，
　　$(x-5)\{x-(-4)\}=0$　すなわち $(x-5)(x+4)=0$ 答
$x=5$ と $x=-4$ を解にもつ2次方程式で，x^2 の係数が3であるものは，
　　$3(x-5)\{x-(-4)\}=0$　すなわち $3(x-5)(x+4)=0$ 答

　2次方程式 $(x-2)(x+3)=0$ の解は，$x=2, -3$ だね。逆に 2，-3 を解にもち，x^2 の係数が1である2次方程式は，$(x-2)(x+3)=0$ となるわけだね。
　このことから，一般に，x^2 の係数が1で α，β を解にもつ2次方程式は，$(x-\alpha)(x-\beta)=0$ となることも理解できると思う。さらに，x^2 の係数が a で α，β を解にもつ2次方程式は，$a(x-\alpha)(x-\beta)=0$ となることもいいね。

第2章　2次検定対策

問題17　連続する2つの整数について、これらの数のそれぞれの2乗の和が221であるとき、この2つの整数を求めなさい。

――解答・解説―― ランク**A**

連続する2つの整数を n, $n+1$ とする。（n は整数）
これらの数のそれぞれの2乗の和が221であるので、
$$n^2+(n+1)^2=221$$
$$n^2+(n^2+2n+1)=221$$
$$2n^2+2n-220=0 \quad \leftarrow \boxed{両辺を2で割る}$$
$$n^2+n-110=0$$
$$(n+11)(n-10)=0$$
これより、$n=-11$, 10
よって、求める2つの整数は、-11 と -10、10 と 11 **答**

問題18　連続する3つの正の整数について、小さいほうの2つの数の積が、最小の数と最大の数の和の3倍に等しくなるとき、この3つの整数を求めなさい。

――解答・解説―― ランク**A**

連続する3つの整数を n, $n+1$, $n+2$ とする。（n は正の整数）
小さいほうの2つの数の積が、最小の数と最大の数の和の3倍に等しくなるので、
$$n(n+1)=3\{n+(n+2)\} \quad \rightarrow \quad n^2+n=6n+6$$
$$n^2-5n-6=0 \quad \rightarrow \quad (n-6)(n+1)=0$$
これより、$n=6$, -1　　$n>0$ より、$n=-1$ は不適
よって、求める整数は、6, 7, 8 **答**

もちろん、中央の数を n として連続する3つの整数を $n-1$, n, $n+1$ としてもいい。ただし、このとき n の条件として $n>1$ がつくことに注意しよう。

2 2次方程式（中3内容）

問題19 1辺の長さが10 cmの正方形 ABCD の辺 AB，BC，CD，DA 上にそれぞれ4点 E，F，G，H を AE=BF=CG=DH となるようにとり，正方形 EFGH を作ります。正方形 EFGH の面積が 68 cm² となるとき，AE の長さを求めなさい。

解答・解説 ランク B

AE=x (cm) とすると $(0<x<10)$，
AH=$10-x$ であるから，題意より，

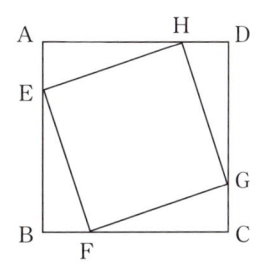

$$\underbrace{10^2}_{\text{正方形 ABCD の面積}} - \underbrace{\underbrace{\frac{1}{2}x(10-x)}_{\triangle \text{AEH の面積}} \times 4}_{\text{4つ分}} = 68$$

これを整理して，$x^2-10x+16=0$ → $(x-2)(x-8)=0$
これより，$x=2$, 8　よって，AE=2 cm または 8 cm 答

問題20 横が縦より 5 cm 長い長方形の紙があります。この紙の4すみから一辺が 2 cm の正方形を切り取り直方体の容器を作ったところ，容積が 352 cm³ になりました。このとき，元の長方形の縦の長さを求めなさい。

解答・解説 ランク B

元の長方形の縦の長さを x とすると，

$2(x-4)(x+1)=352$
$(x-4)(x+1)=176$　← 両辺÷2
$x^2-3x-180=0$
$(x-15)(x+12)=0$
$x>4$ より，$x=15$　← こんな書き方でもいいよ
　　　　　　　　　（問題18での書き方と比べること）

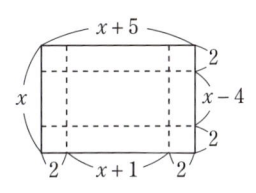

よって，元の長方形の縦の長さは，15 cm 答

※直方体の容器の縦の長さ $x-4$ は正の数でなければならないので，$x-4>0$ すなわち $x>4$ でなければならないね。

```
2 ) 180
2 )  90
3 )  45
3 )  15
      5
```

③ $y=ax^2$ （中3内容） ▶▶▶ YS3：p154〜165

問題21 自動車のブレーキがきき始めてから停止するまでの距離を制動距離といいます。ある自動車が時速 x（km）で走行しているときの制動距離を y（m）とすると，y は x^2 に比例し，$y=0.006x^2$ の関係が成り立ちます。これについて，次の問に答えなさい。
(1) 時速 60 km で走行しているときの制動距離を求めなさい。
(2) 制動距離が 60 m のときの自動車の時速を求めなさい。

― 解答・解説 ― ランクA

(1) $y=0.006x^2$ …①

　①に $x=60$ を代入して，$y=0.006\times60^2=21.6$ (m) 答

(2) ①に $y=60$ を代入して，$0.006x^2=60$

　この両辺を1000倍して，$6x^2=60000$ → $x^2=10000$

　$x>0$ より，$x=100$ よって，時速 100 km 答

問題22 振り子が1往復するのにかかる時間を周期といいます。周期は振り子の長さだけで決まり，重りの重さや振れ幅に関係ないことがわかっています。周期が x 秒の振り子の長さを y（m）とすると，およそ $y=\dfrac{1}{4}x^2$ という関係があります。これについて，次の問に答えなさい。
(1) 周期が2秒である振り子を作るには，振り子の長さを何mにすればよいですか。
(2) 長さが9mの振り子の周期は何秒になりますか。

― 解答・解説 ― ランクA

(1) $y=\dfrac{1}{4}x^2$ …①　①に $x=2$ を代入して，$y=\dfrac{1}{4}\cdot 2^2=1$ (m) 答

(2) ①に $y=9$ を代入して，$\dfrac{1}{4}x^2=9$ → $x^2=36$

　$x>0$ より，$x=6$ よって，求める周期は6秒 答

3　$y=ax^2$（中3内容）

> **問題23**　ある斜面を球が転がり始めてから t 秒間に転がる距離を S（m）とすると，$S=2t^2$ の関係が成り立ちます。このとき，転がり始めてから3秒後までの平均の速さを求めなさい。

―― 解答・解説　ランク **A** ――

$S=2t^2$　…①

$t=0$，3のときの①の値の表は次のようになる。

t（秒）	0	3
S（m）	0	18

よって，求める平均の速さは，$\dfrac{18-0}{3-0}=6$（m／秒）**答**

※この平均の速さの値は，①において，t が0から3まで増加するときの変化の割合になるので，$(0+3)\times 2=6$ でも求められる。（p14の3を参照）

> **問題24**　放物線 $y=x^2$ のグラフ上にある点Aの x 座標が b であるとき，点Aと原点を通る直線の式を求めなさい。

―― 解答・解説　ランク **A** ――

$y=x^2$ で $x=b$ のとき，$y=b^2$

すなわち，Aの座標は，(b, b^2)

2点 $O(0,0)$，$A(b, b^2)$ を通る直線の傾き m は，

$m=\dfrac{b^2-0}{b-0}=b$

よって，求める直線は，$y=bx$　**答**

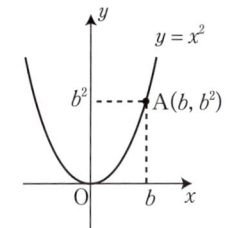

$y=ax^2$ で x が x_1 から x_2 まで増加するときの変化の割合は，$a(x_1+x_2)$ で求められたね。

したがって，この場合，求める直線の傾き m は，$y=1x^2$ で，x の値が0から b まで増加するときの変化の割合になるので，$m=1\times(0+b)=b$ としても求めることができる。

第2章 2次検定対策

問題25 $y=3x^2$ で，x の値が a から $a+2$ まで増加するときの変化の割合が6のとき，a の値を求めなさい。

■ 解答・解説 ランク A

$y=3x^2$ …①

$x=a$，$a+2$ のときの①の値の表は次のようになる。

x	a	$a+2$
y	$3a^2$	$3(a+2)^2$

①で，x の値が a から $a+2$ まで増加するときの変化の割合が6より，

$$\frac{3(a+2)^2-3a^2}{(a+2)-a}=6 \rightarrow \frac{12a+12}{2}=6 \rightarrow a=0 \text{ 答}$$

[別解] $y=3x^2$ …① で x の値が a から $a+2$ まで増加するときの変化の割合が6より，$\{a+(a+2)\}\times 3=6$，この両辺を3で割って，$2a+2=2$
これより，$a=0$ 答

問題26 2つの関数 $y=ax^2$ と $y=10x-7$ において，x の値が2から8まで増加したときの変化の割合が等しいとき，a の値を求めなさい。

■ 解答・解説 ランク B

$y=ax^2$ …①　　$y=10x-7$ …②

①と②で，x の値が2から8まで増加したときの変化の割合が等しいので，

$$\frac{64a-4a}{8-2}=10 \rightarrow \frac{60a}{6}=10$$

これより，$a=1$ 答

[別解] $y=ax^2$ …①　　$y=10x-7$ …②

①と②で，x の値が2から8まで増加したときの変化の割合が等しいので，

$(2+8)a=10 \rightarrow a=1$ 答

※1次関数 $y=ax+b$ では，変化の割合は一定の値 a だったね。したがって，②では，変化の割合は常に10で一定なんだね。

3　$y=ax^2$（中3内容）

問題27　$y=ax^2$ で，x の変域が $-2 \leq x \leq 3$ のときの y の変域が，$-18 \leq y \leq 0$ であるとき，a の値を求めなさい。

解答・解説　ランクB

$y=ax^2$ …① で，x の変域が $-2 \leq x \leq 3$ のとき y 変域が $-18 \leq y \leq 0$ であることから，グラフは右の図のようになる。

グラフより，$y=ax^2$ で，$x=3$ のとき $y=-18$ なので，$9a=-18$　$a=-2$ 答

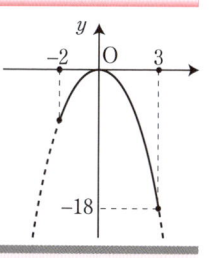

問題28　放物線 $y=x^2$ のグラフと直線 $y=2x+3$ のグラフの交点の座標を求めなさい。

解答・解説　ランクB

$\begin{cases} y=x^2 & \cdots ① \\ y=2x+3 & \cdots ② \end{cases}$

①，②より，y を消去して，

$x^2=2x+3$　→　$x^2-2x-3=0$

$(x+1)(x-3)=0$　→　$x=-1, 3$

$x=-1$ のとき，$y=(-1)^2=1$

$x=3$ のとき，$y=3^2=9$

よって，交点の座標は，$(-1, 1)$，$(3, 9)$ 答

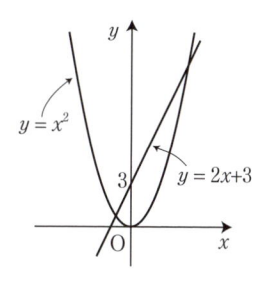

※放物線 $y=ax^2$ と直線 $y=mx+n$ のグラフの交点の座標は，

連立方程式 $\begin{cases} y=ax^2 & \cdots (1) \\ y=mx+n & \cdots (2) \end{cases}$ の解の x，y の値の組だね。

なぜなら，グラフの交点は，(1)，(2)を同時に成り立たせる x，y の値の組だからね。よって，グラフの交点の x 座標は，(1)，(2)で y を消去してできる2次方程式 $ax^2=mx+n$ の解になる。

65

第 2 章　2 次検定対策

[4] 相似な図形と三平方の定理と円(中3および高1内容) ▶▶▶ YSJ2：p106〜112, YS3：p166〜203

問題29　右の図のように，AB=2，BC=3，CA=4 の△ABC と，DE=6，EF=3，FD=4.5 の△DEF があります。これについて，次の問に答えなさい。

(1) この2つの三角形にはどんな関係が成り立ちますか。記号を用いて表しなさい。

(2) (1)で答えた関係が成り立つことを証明しなさい。

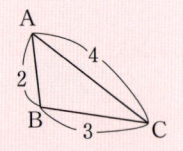

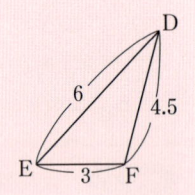

解答・解説　ランクA

(1) △ABC ∽ △EFD 答

(2) [証明]　△ABC と △EFD で，
　　AB：EF=2：3　…①　　BC：FD=2：3　…②
　　CA：DE=2：3　…③
　　①〜③より，3組の辺の比がすべて等しいので，△ABC ∽ △EFD

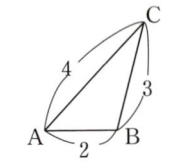

相似な図形を同じ向きにかくとわかりやすい。上に △ABC を △EFD と同じ向きにかいた。ここで，三角形の相似条件を再確認しておこう。

(i) 3組の辺の比が（すべて）等しい。
　　$a:a'=b:b'=c:c'$

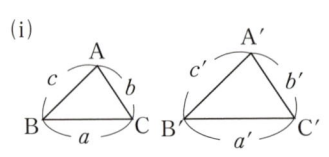

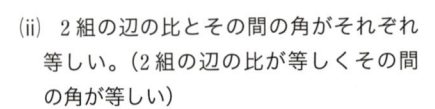

(ii) 2組の辺の比とその間の角がそれぞれ等しい。(2組の辺の比が等しくその間の角が等しい)
　　$a:a'=c:c'$，∠B=∠B'

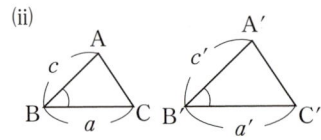

(iii) 2組の角がそれぞれ等しい。
　　∠B=∠B'，∠C=∠C'

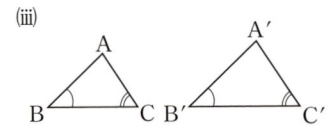

4 相似な図形と三平方の定理と円（中3および高1内容）

問題30 右の図のように，線分 AB と線分 CD の交点を O とすると，AO=2CO，DO=2BO が成り立ちます。

点 A と D，B と C を結ぶとき，△AOD ∽ △COB であることを証明しなさい。

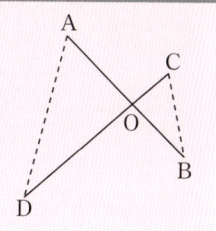

— 解答・解説 — ランクA

［証明］ △AOD と △COB で，
　　　AO：CO=DO：BO=2：1 …①
　　　∠AOD=∠COB（対頂角） …②
①，②より 2 組の辺の比とその間の角がそれぞれ等しいので，
　　　△AOD ∽ △COB

問題31 右の図のように，∠C=90° である直角三角形 ABC の辺 BC 上に点 D をとり，D から辺 AB に垂線を引き，その交点を E とします。このとき，AC：AB=DE：DB であることを証明しなさい。

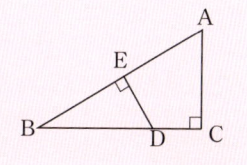

— 解答・解説 — ランクA

DE：DB=AC：AB であることの証明だね。これは，右の図のように，△DBE を △ABC と同じ向きにかくと，AC：AB と DE：DB がそれぞれの三角形の隣り合う辺の比になっていることがわかるね。

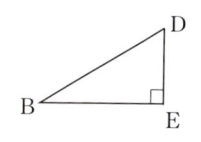

［証明］ △ABC と △DBE で，
　　　∠ACB=∠DEB=90° …①
　　　∠B は共通 …②
①，②より 2 組の角がそれぞれ等しいので，
　　　△ABC ∽ △DBE
相似な三角形では，隣り合う辺の比も等しいので，
　　　AC：AB=DE：DB

第2章　2次検定対策

問題32　右の図のように，1つの円周上に4点A，B，C，Dがあります。弦ABと弦CDの交点をPとし，点AとC，BとDを結ぶとき，△APC∽△DPBであることを証明しなさい。

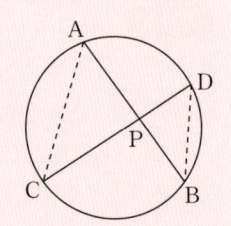

解答　ランクA

[証明]　△APCと△DPBで，

∠PAC=∠PDB（$\overparen{CB}$に対する円周角）…①

∠APC=∠DPB（対頂角）…②

①，②より，2組の角がそれぞれ等しいので，

△APC∽△DPB

もちろん，∠PCA=∠PBD（$\overparen{AD}$に対する円周角）…③を①または②のところにもってきてもいい。①，②，③の3つのうち，いずれか2つを並べるといいよ。

問題33　四角形ABCDの辺AB，BC，CD，DAの中点をそれぞれP，Q，R，Sとするとき，四角形PQRSは平行四辺形になることを証明しなさい。

解答・解説　ランクA

[証明]　対角線BDを引く。

△ABDで中点連結定理より，

　　PS∥BD，PS=$\frac{1}{2}$BD　…①

△CDBでも同様にして，

　　QR∥BD，QR=$\frac{1}{2}$BD　…②

①，②より，QR∥PS，QR=PS

よって，1組の対辺が平行でその長さが等しいので，四角形PQRSは平行四辺形になる。

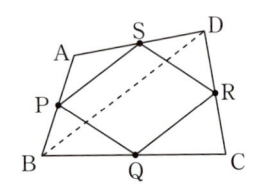

68

4 　相似な図形と三平方の定理と円（中3および高1内容）

問題34　右の図で，AB∥CD∥EF，AB=a，CD=b，EF=x とするとき，x を a，b を用いて表しなさい。

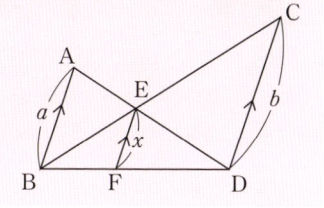

――解答・解説―― ランク **B**

※まず，この問題の図で，$a=2$，$b=3$ のときの x の長さを求めることから始めようね。

中学生にこの問題を初めて出題すると，ほとんどの生徒が解けないんだね。

では，解いていくよ。

△EAB と△EDC は相似で相似比が $2:3$ だね。

よって，BE:CE=$2:3$（△EAB と△EDC の対応する辺の比）

これを図に書き込んでごらん。

次に，△BDC に着目すると，三角形と比の定理が浮かんでくると思う。

△BDC で，FE∥DC で，BE:CE=$2:3$ より，BE:BC=$2:5$

　　よって，$x:3=2:5$　→　$x=\dfrac{6}{5}$

では問題34を解こうね。

　△EAB∽△EDC で相似比が $a:b$ なので，

　　BE:CE=$a:b$

　△BDC で，FE∥DC なので，三角形と比の定理より，

　　$x:b=a:(a+b)$

　　$(a+b)x=ab$　これより，$x=\dfrac{ab}{a+b}$ **答**

※この問題を僕は，「右見て左，左見て右」と呼んでいる。三角形の相似および三角形と比の定理の応用問題としてとてもいい問題だね。

第2章 2次検定対策

問題35 右の図のように，∠C=90°，AB=5 cm，AC=3 cm である直角三角形 ABC があります。辺 AB，BC，CA 上に点 P，Q，R を，四角形 PQCR が正方形となるようにとるとき，次の問に答えなさい。

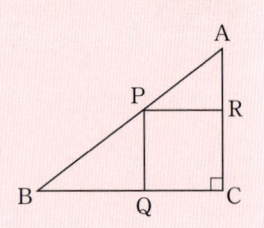

(1) 辺 BC の長さを求めなさい。
(2) 線分 PQ の長さを求めなさい。

解答・解説 **ランクB**

(1) 三平方の定理より，
$$BC^2+AC^2=AB^2 \quad \cdots ①$$
①に与えられた条件を代入して，
$$BC^2+3^2=5^2 \quad これより，BC=4（cm）答$$

(2) △ABC と △PBQ で，
∠B は共通，∠BCA=∠BQP=90° だから，
△ABC ∽ △PBQ になる。 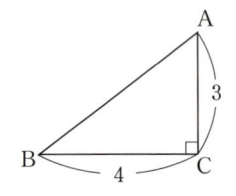
PQ=x とすると，BC=4，AC=3，BQ=4−x なので，相似な三角形の対応する辺の比の関係から，
$$4:(4-x)=3:x$$
$$4x=3(4-x)$$
$$7x=12$$
$$x=\frac{12}{7} \quad よって，PQ=\frac{12}{7}（cm）答$$

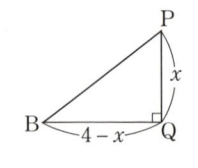

[別解] 相似な三角形の隣り合う辺の関係から，
$$x=\frac{3}{4}(4-x) \quad ← \text{PQ は，BQ の } \frac{3}{4} \text{ 倍という考え方}$$

これを解いてもいいね。

このほか，△ABC ∽ △APR などの関係を用いてもいいよ。各自で試してみるといいと思う。

4 相似な図形と三平方の定理と円（中3および高1内容）

問題36 右の図のように，△ABCの∠Aの二等分線を引き，辺BCとの交点をDとします。頂点B，Cから直線ADに垂線を引き，その交点をそれぞれE，Fとするとき，次の問に答えなさい。

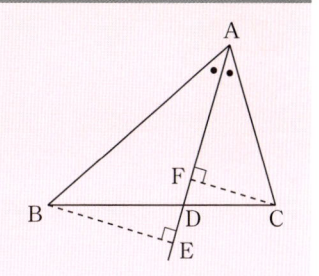

(1) AB：AC=BE：CFとなることを証明しなさい。

(2) AB：AC=BD：DCであることを証明しなさい。

─── 解答・解説 ─── ランク **B** ───

(1) AB：AC=BE：CFは，△ABEと△ACFの対応する辺の比になっているね。したがって，△ABE∽△ACFであることを証明すればよさそうだね。

［証明］ △ABEと△ACFで，

∠BAE=∠CAF …①　　∠BEA=∠CFA=90° …②

①，②より2組の角がそれぞれ等しいので，△ABE∽△ACF

よって，AB：AC=BE：CF

(2) AB：AC=BD：DCであることの証明は，(1)での導入がなければ，少し難しい。しかし，(1)でAB：AC=BE：CFを示しているので，△BDE∽△CDFとなることに着目すれば大丈夫だね。

［証明］ (1)より，AB：AC=BE：CF …③

△BDEと△CDFで，

∠BED=∠CFD=90° …④

∠BDE=∠CDF（対頂角） …⑤

④，⑤より，2組の角がそれぞれ等しいので，△BDE∽△CDF

よって，BD：DC=BE：CF …⑥

③，⑥より，AB：AC=BD：DC

上の(2)で証明した定理を内角の二等分線の定理というよ。この定理の一般的な証明は「読めばスッキリ！数学検定3級への道」のp179で扱っているので，この本が手元にある人は参考にしてほしい。

第2章 2次検定対策

問題37 右の図のように，AB=8cm，BC=10cm，CA=6cm の直角三角形 ABC の頂点 A から辺 BC に垂線を引き，交点を D とします。このとき，△ABC と相似な三角形を見つけ，△ABC との相似比を求めなさい。

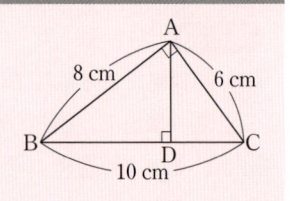

解答・解説 ランクA

△ABC と△DBA で，∠BAC=∠BDA=90°，∠B は共通なので，

△ABC∽△DBA…①となる。

△ABC と△DAC で，∠BAC=∠ADC=90°，∠C は共通なので，△ABC∽△DAC…②となる。

①，②より，

△ABC∽△DBA で，相似比は，10:8=5:4 **答**

△ABC∽△DAC で，相似比は，10:6=5:3 **答**

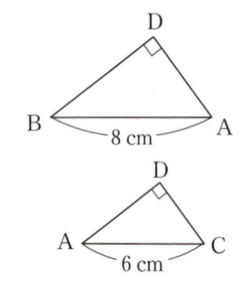

問題38 右の図で，点 D は△ABC の辺 AB 上にあり，BC=4cm，CA=5cm，CD=3cm です。∠BAC=∠BCD のとき，△ABC の面積は，△CBD の面積の何倍になりますか。

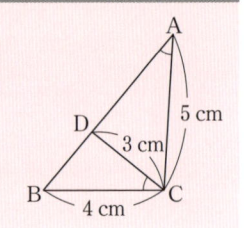

解答・解説 ランクA

△ABC と△CBD で，∠B は共通，∠BAC=∠BCD なので，△ABC∽△CBD となる。△ABC と△CBD の相似比は 5:3 だから，面積比は，$5^2:3^2=25:9$

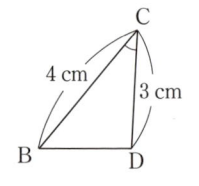

よって，△ABC の面積は，△CBD の面積の $\dfrac{25}{9}$ 倍 **答**

右上に，△CBD を△ABC と同じ向きにしてかいた。面積比は，相似比の2乗だったね。

4　相似な図形と三平方の定理と円（中3および高1内容）

問題39　右の図のように，AD∥BC，AD=6 cm，BC=9 cm の台形 ABCD の辺 BA と CD を延長し，その交点を O とします。このとき，△OAD と台形 ABCD の面積比を求めなさい。

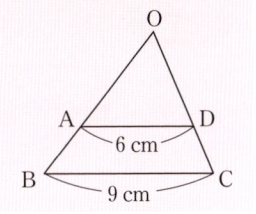

── 解答・解説 ── ランク A ──

△OAD と△OBC は相似で，相似比が 6:9=2:3 なので，
面積比は，$2^2:3^2=4:9$
これより，△OAD：台形 ABCD $=4:(9-4)=4:5$ 答

問題40　右の図のように，底面の直径と高さが等しい円錐と円柱の容器があります。底面と水面を平行にしたときに円錐の容器の深さの $\frac{2}{3}$ まで入っている水を，円柱の容器に入れると，水の深さは円柱の高さの何倍になりますか。

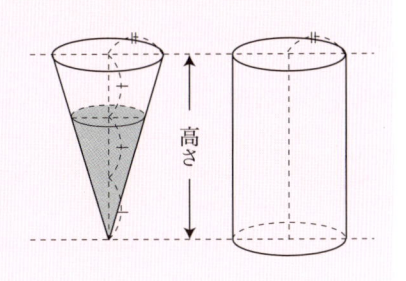

── 解答・解説 ── ランク B ──

円錐の容積を 1 とすると，水の体積は $1\times\left(\frac{2}{3}\right)^3$ なので，この水を円柱の容器に入れたときの水の深さは，円柱の高さの $\frac{1}{3}\times\left(\frac{2}{3}\right)^3=\frac{8}{81}$ 倍 答

円錐の容器が満水のとき，これを円柱の容器に移すと円錐の体積公式から，円柱の容器の高さの $\frac{1}{3}$ のところまで水が入るね。次に，円錐の容器と水が入っている部分の円錐の相似比が $1:\frac{2}{3}$ なので，水の体積は円錐の容器の体積の $\left(\frac{2}{3}\right)^3$ 倍となる。よって，円柱の容器に水を入れるとき，その水面の高さは水の体積に比例するので，その高さも $\frac{1}{3}\times\left(\frac{2}{3}\right)^3$ 倍になるわけだね。

第2章 2次検定対策

問題41 座標平面上の3点 A(0, 5), B(2, 0), C(5, 7) を頂点にもつ△ABC について,次の問に答えなさい。
(1) 辺 BC の長さを求めなさい。
(2) △ABC は,どのような三角形になりますか。理由をつけて答えなさい。

解答・解説 ランクA

(1) $BC = \sqrt{(5-2)^2 + (7-0)^2} = \sqrt{9+49} = \sqrt{58}$ 答

(2) $AB = \sqrt{(2-0)^2 + (0-5)^2} = \sqrt{4+25} = \sqrt{29}$
$AC = \sqrt{(5-0)^2 + (7-5)^2} = \sqrt{25+4} = \sqrt{29}$

よって,AB=AC で,$BC^2 = AB^2 + AC^2$ が成り立つので,△ABC は∠A が直角である直角二等辺三角形 答 になる。

問題42 一辺の長さが a (cm) の正三角形の面積を求めなさい。

解答・解説 ランクA

正三角形の高さを h とすると,三平方の定理より,

$$\left(\frac{a}{2}\right)^2 + h^2 = a^2 \rightarrow h^2 = \frac{3}{4}a^2$$

$h>0$ より,$h = \frac{\sqrt{3}}{2}a$

よって,正三角形の面積 S は,

$$S = \frac{1}{2} \times a \times \frac{\sqrt{3}}{2}a = \frac{\sqrt{3}}{4}a^2$$ 答

高さ h は,60°, 30° の直角三角形の3辺の比から a の $\frac{\sqrt{3}}{2}$ 倍としても求められるね(右図)。実際に問題を解くときには,こちらをおすすめする。こちらのほうが断然速いからね。

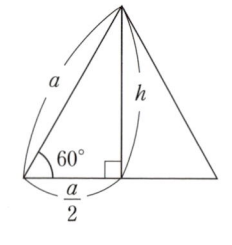

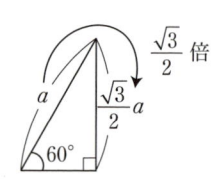

4 相似な図形と三平方の定理と円（中3および高1内容）

問題43 右の図は，BC=3cm，CA=6cm，∠C=120°の△ABCです。これについて次の問に答えなさい。
(1) BCを底辺としたときの高さを求めなさい。
(2) 面積を求めなさい。

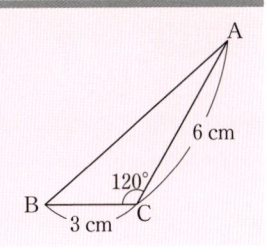

— 解答・解説 — ランクB

(1) 右の図のように，BCを底辺としたときの高さをhとすると，
$$h = 6 \times \frac{\sqrt{3}}{2} = 3\sqrt{3} \text{ (cm)} \text{ 答}$$
← 60°，30°の直角三角形の三辺の比

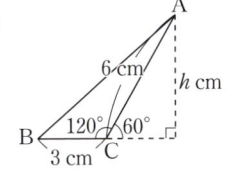

(2) 求める面積は $\frac{1}{2} \times 3 \times 3\sqrt{3} = \frac{9}{2}\sqrt{3}$ （cm²） 答

問題44 右の図のように，円Oが直角三角形ABCに内接しています。P，Q，Rはそれぞれ辺BC，CA，ABの接点で，BP=6cm，CP=4cmのとき，この円の半径を求めなさい。

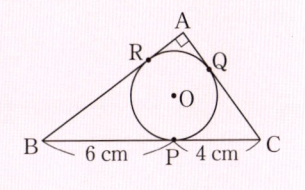

— 解答・解説 — ランクB

円外の1点から1つの円に引いた2つの接線の長さは等しいので，BR=6 cm，CQ=4 cm，AR=AQ，また，接線と接点を通る円の半径は垂直なので，∠ARO=∠AQO=90°

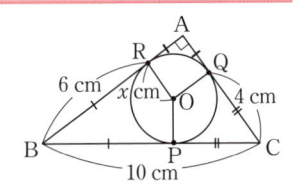

したがって，隣り合う辺が等しく，4つの角がすべて90°なので，四角形AROQは正方形になる。よって，正方形の1辺を$x$cmとすると，直角三角形ABCで三平方の定理より，
$$(x+6)^2 + (x+4)^2 = 10^2 \rightarrow 2x^2 + 20x - 48 = 0$$
$$x^2 + 10x - 24 = 0 \rightarrow (x+12)(x-2) = 0 \quad x>0 \text{ より，} x = 2 \text{ (cm)} \text{ 答}$$

問題45 右の図のように，∠C=90° である直角三角形 ABC の各辺 a, b, c を1辺とする正方形をかきます。a, b, c の辺を1辺とする正方形の面積をそれぞれ P, Q, R とするとき，P, Q, R の関係を等式で表しなさい。

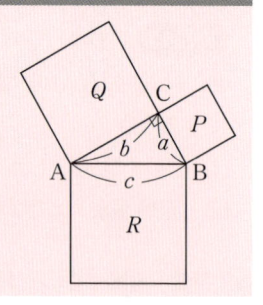

解答・解説 ランク **A**

三平方の定理より，
$$c^2 = a^2 + b^2 \quad \cdots ①$$
また，$c^2 = R$, $a^2 = P$, $b^2 = Q$ なので，これらを①に代入して，
$$R = P + Q \ 答$$

問題46 右の図のように，∠C=90° である直角三角形 ABC の各辺 a, b, c を1辺とする正三角形をかきます。a, b, c の辺を1辺とする正三角形の面積をそれぞれ P, Q, R とするとき，P, Q, R の関係を等式で表しなさい。

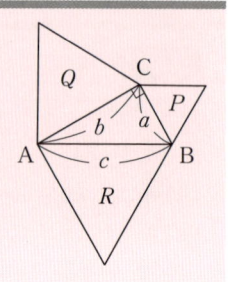

解答・解説 ランク **B**

1辺が，a, b, c である正三角形 P, Q, R の面積は，それぞれ，
$$P = \frac{\sqrt{3}}{4}a^2, \quad Q = \frac{\sqrt{3}}{4}b^2, \quad R = \frac{\sqrt{3}}{4}c^2 \quad \cdots ①$$
△ABC は直角三角形だから，三平方の定理より，$c^2 = a^2 + b^2 \quad \cdots ②$

②の両辺を $\frac{\sqrt{3}}{4}$ 倍すると，$\frac{\sqrt{3}}{4}c^2 = \frac{\sqrt{3}}{4}a^2 + \frac{\sqrt{3}}{4}b^2 \quad \cdots ③$

①を③に代入して，$R = P + Q \ 答$ の関係が成り立つ。

4 相似な図形と三平方の定理と円（中3および高1内容）

問題47 右の図のように，∠C=90°である直角三角形 ABC の各辺 $2a$, $2b$, $2c$ を直径とする半円をかきます。$2a$, $2b$, $2c$ の辺を1辺とする半円の面積をそれぞれ P, Q, R とするとき P, Q, R の関係を等式で表しなさい。

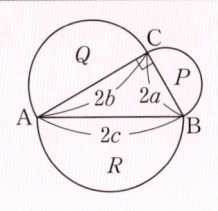

解答・解説 ランク **B**

$$P=\frac{1}{2}a^2\pi, \quad Q=\frac{1}{2}b^2\pi, \quad R=\frac{1}{2}c^2\pi \quad \cdots ①$$

△ABC は直角三角形だから，三平方の定理より，$c^2=a^2+b^2$ $\cdots ②$

②の両辺に $\frac{1}{2}\pi$ をかけると，$\frac{1}{2}c^2\pi=\frac{1}{2}a^2\pi+\frac{1}{2}b^2\pi$ $\cdots ③$

①を③に代入して，$R=P+Q$ **答** の関係が成り立つ。

問題48 右の図のように，∠C=90°の直角三角形 ABC の3辺を直径とする半円を辺 AB の上側にかきます。AB=c，BC=a，CA=b として，灰色の部分の面積と△ABC の面積が等しくなることを証明しなさい。

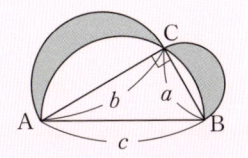

解答・解説 ランク **B**

[証明] △ABC $=\frac{1}{2}ab$ $\cdots ①$ また，三平方の定理より，$c^2=a^2+b^2$ $\cdots ②$

灰色の部分の面積を S とすると，

$$S=\underbrace{\frac{1}{2}ab}_{\text{△ABCの面積}}+\underbrace{\frac{1}{2}\times\left(\frac{b}{2}\right)^2\pi+\frac{1}{2}\times\left(\frac{a}{2}\right)^2\pi}_{\text{半径が}\frac{a}{2},\frac{b}{2}\text{である半円の面積の和}}-\underbrace{\frac{1}{2}\times\left(\frac{c}{2}\right)^2\pi}_{\text{半径が}\frac{c}{2}\text{である半円の面積}}$$

$$=\frac{1}{2}ab+\frac{1}{8}\pi(a^2+b^2-c^2) \quad \cdots ③$$

②を③に代入して，

$$S=\frac{1}{2}ab+\frac{1}{8}\pi(c^2-c^2)=\frac{1}{2}ab \quad \cdots ④$$

①，④より，灰色部分の面積と△ABC の面積は等しい。

第2章 2次検定対策

⑤ 対称式（高1内容） ▶▶▶ YSJ2：p150

● 重要事項のまとめ

2つの文字を入れ換えても全く同じ式を対称式という。

・2文字の対称式の例

① a^2+b^2 ② a^2+ab+b^2 ③ a^3+b^3 など

これらは，$a+b$, ab を用いて次のように表すことができる。

① $a^2+b^2=(a+b)^2-2ab$
② $a^2+ab+b^2=(a+b)^2-ab$
③ $a^3+b^3=(a+b)^3-3ab(a+b)$

← 右辺を計算すると左辺になる

・3文字の対称式の例

① $a^2+b^2+c^2$ ② $a^2b^2c^2$ など

これらは，どの2つの文字を入れ換えても同じ式になる。

これらは，$a+b+c$, $ab+bc+ca$, abc を用いて次のように表すことができる。

① $a^2+b^2+c^2=(a+b+c)^2-2(ab+bc+ca)$
② $a^2b^2c^2=(abc)^2$

問題49 $a+b=7$, $ab=3$ のとき，次の問に答えなさい。

(1) a^2+b^2 の値を求めなさい。

(2) a^3+b^3 の値を求めなさい。

■ 解答・解説 ランク **B**

(1) $a^2+b^2=(a+b)^2-2ab$ ← これは絶対覚えること！

$\qquad = 7^2-2\cdot 3$

$\qquad = 43$ 答

(2) $a^3+b^3=(a+b)^3-3ab(a+b)$

$\qquad = 7^3-3\cdot 3\cdot 7$

$\qquad = 280$ 答

問題50 $x+y=\sqrt{7}$, $xy=-3$ のとき，次の(1), (2)の値を求めなさい。
(1) x^2+y^2　　(2) $x-y$

── 解答・解説 ── ランク **B**

(1) $x^2+y^2=(x+y)^2-2xy$
$=(\sqrt{7})^2-2\cdot(-3)$ ← $x+y=\sqrt{7}$, $xy=-3$ を代入
$=13$ 答

(2) $(x-y)^2=x^2+y^2-2xy$
$=13-2\cdot(-3)$ ← (1)より，$x^2+y^2=13$
$=19$
よって，$x-y=\pm\sqrt{19}$ 答

問題51 $x+y=a$, $xy=b$ のとき，次の式を a, b を用いて表しなさい。
(1) x^2y+xy^2　　(2) x^3y+xy^3　　(3) $x^4y^2+x^2y^4$　　(4) x^2+y^2-3xy

── 解答・解説 ── ランク **B**

(1) $x^2y+xy^2=xy(x+y)$
$=b\cdot a$ ← $xy=b$, $x+y=a$ を代入
$=ab$ 答

(2) $x^3y+xy^3=xy(x^2+y^2)$
$=xy\{(x+y)^2-2xy\}$ ← $x^2+y^2=(x+y)^2-2xy$
$=b\cdot(a^2-2b)$ ← $xy=b$, $x+y=a$ を代入
$=a^2b-2b^2$ 答

(3) $x^4y^2+x^2y^4=x^2y^2(x^2+y^2)$
$=(xy)^2(x^2+y^2)$ ← $x^2y^2=(xy)^2$
$=b^2\cdot(a^2-2b)$ ← (2)より $x^2+y^2=a^2-2b$
$=a^2b^2-2b^3$ 答

(4) $x^2+y^2-3xy=(x+y)^2-5xy$ ← $(x+y)^2=x^2+2xy+y^2$
$=a^2-5b$ 答 ← $x+y=a$, $xy=b$ を代入

第 2 章　2 次検定対策

[6] 2 次関数（高 1 内容）　▶▶▶ YSJ2：P44〜64

問題52　放物線 $y=2x^2+4x+5$ について，次の問に答えなさい。
(1)　このグラフの頂点の座標を求めなさい。
(2)　(1)で求めた点を頂点とし，点 $(1, 11)$ を通る 2 次関数の式を求めなさい。

―― 解答・解説 ―― ランク B

(1)　$y=2x^2+4x+5=2(x^2+2x)+5=2(x^2+2x+1-1)+5$
　　　　$=2(x+1)^2+3$　よって頂点は，$(-1, 3)$ 答

(2)　頂点が $(-1, 3)$ の放物線は，$y=a(x+1)^2+3$ とおける。
　　これが点 $(1, 11)$ を通るので，$11=4a+3$ → $a=2$　よって，
　　　　$y=2(x+1)^2+3$ 答　または，$y=2x^2+4x+5$ 答

問題53　放物線 $y=x^2+4x+5$ を x 軸方向に 1，y 軸方向に 2 だけ平行移動した放物線の式を求めなさい。

―― 解答・解説 ―― ランク B

　ここで，平行移動についてきちんと理解しておこう。
　$y=2(x-1)^2+2$ …①のグラフは，その値の表から，$y=2x^2$ …②のグラフを x 軸方向に 1，y 軸方向に 2 だけ平行移動したものだったね（YSJ2：p48）。
　①で右辺の 2 を移項すると，$y-2=2(x-1)^2$ となって，これは，②の x，y をそれぞれ $x-1$，$y-2$ で置き換えた式になっている。
　この例から，$y=ax^2$ のグラフを x 軸方向に p，y 軸方向に q だけ平行移動したグラフを表す関数は，その値の表から $y=a(x-p)^2+q$ となり，また，右辺の q を移項することで，$y-q=a(x-p)^2$ と表すこともできるわけだね。
　一般に，関数 $y=f(x)$ を x 軸方向に p，y 軸方向に q だけ平行移動したグラフは，$y-q=f(x-p)$ で表すことができる。
　これは，$y=f(x)$ で x を $x-p$，y を $y-q$ に置き換えた式になっている。このことを，グラフ上の点の平行移動を通して説明するね。

右の図のように，関数 $y=f(x)$ …③ のグラフを F，このグラフを，x 軸方向に p，y 軸方向に q だけ平行移動したグラフを F′ とする。

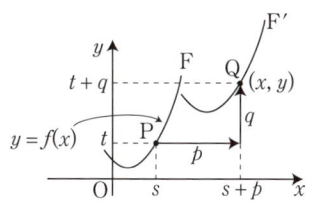

F 上の任意の点 $P(s, t)$ が，この平行移動によって F′ のグラフ上の点 $Q(x, y)$ に移ったとすると，

$$x=s+p\cdots④ \quad y=t+q\cdots⑤$$

となるのは理解できるね。④，⑤ をそれぞれ，s，t について解くと，

$$s=x-p\cdots④' \quad t=y-q\cdots⑤'$$

ここで，点 $P(s, t)$ は，F 上の点なので，当然，$s=f(t)$ が成り立つね。
よって，④′，⑤′ を ③ に代入すると F′ を表す関数は，

$$y-q=f(x-p)$$

となる。この式は，③ の x，y をそれぞれ，$x-p$，$y-q$ で置き換えた式になっているね。

このことは，F′ 上の任意の点 (x, y) を，x 軸方向に $-p$，y 軸方向に $-q$ だけ平行移動（これは，x 軸方向に p，y 軸方向に q だけもどる）した点，すなわち，点 $(x-p, y-q)$ が，F 上にあることを意味している。

もっと詳しくいうと，関数 $y=f(x)$ のグラフを x 軸方向に p，y 軸方向に q だけ平行移動したグラフを表す関数 $y-q=f(x-p)$ は，そのグラフ上にある点 (x, y) が，x 軸方向に p，y 軸方向に q だけもどると，平行移動前の関数 $y=f(x)$ のグラフ上の点とピタリと重なるようにつくった式だといえる。

これで，スッキリ理解できたと思う。

それでは，解答に入るね。

$y=x^2+4x+5$ を x 軸方向に 1，y 軸方向に 2 だけ平行移動するので，x を $x-1$ に，y を $y-2$ に置き換えて，

$$y-2=(x-1)^2+4(x-1)+5 \quad \to \quad y=x^2+2x+4 \;\text{答}$$

［別解］ $y=x^2+4x+5=x^2+4x+4+1=(x+2)^2+1$

この放物線を <u>x 軸方向に 1，y 軸方向に 2</u> だけ平行移動すると，

$$y-2=(x+2-1)^2+1 \quad \to \quad y=(x+1)^2+3 \;\text{答}$$

第 2 章　2 次検定対策

問題54　放物線 $y=2x^2+x+1$ を x 軸方向に a だけ平行移動した放物線が，$y=2x^2+5x+b$ となるように，定数 a, b の値を定めなさい。

解答・解説　ランク B

$y=2x^2+x+1$ を x 軸方向に a だけ平行移動した放物線は，

$y=2(x-a)^2+(x-a)+1$ ← x を $x-a$ に置き換える

　$=2(x^2-2ax+a^2)+(x-a)+1$

　$=2x^2+(-4a+1)x+2a^2-a+1$ ← x について整理

この放物線が，$y=2x^2+5x+b$ となるので，

　　$-4a+1=5$ …①，$b=2a^2-a+1$ …②

①より，$a=-1$，これを②に代入して，$b=4$，よって，$a=-1, b=4$ 答

問題55　2 次関数 $y=2x^2+4x+3$ について定義域が $-2\leq x\leq 1$ のとき，y の最大値と最小値を求めなさい。また，そのときの x の値も求めなさい。

解答・解説　ランク B

$y=2x^2+4x+3$

　$=2(x^2+2x)+3$

　$=2(x^2+2x+1-1)+3$

　$=2\{(x+1)^2-1\}+3$

　$=2(x+1)^2+1$

右のグラフより，

y の最大値は，$x=1$ のときで，

　　$y=2(1+1)^2+1=9$ 答

y の最小値は，$x=-1$ のときで，

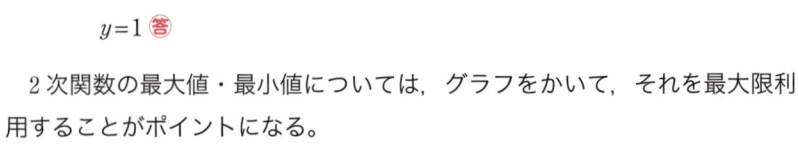

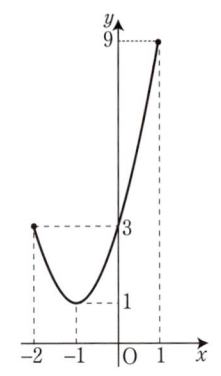

　　$y=1$ 答

2 次関数の最大値・最小値については，グラフをかいて，それを最大限利用することがポイントになる。

6 2次関数（高1内容）

問題56 右の図の長方形 ABCD で，AB+BC=8 という関係が成り立っています。AB=x とし，長方形 ABCD の面積を y とするとき，次の問に答えなさい。ただし，$0<x<5$ とします。

(1) y を x の式で表しなさい。

(2) y の最大値とそのときの x の値を求めなさい。

解答・解説 ランク**B**

(1) $y=x(8-x)$ 答

(2) $y=x(8-x)=-x^2+8x$
$\quad\quad =-(x^2-8x+16-16)$
$\quad\quad =-(x-4)^2+16$

右のグラフより，

$x=4$ のとき，y は最大値 16 をとる。答

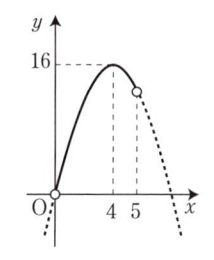

問題57 座標平面上の3点 $(1,2)$, $(2,4)$, $(3,8)$ を通る放物線の式を求めなさい。

解答・解説 ランク**A**

求める放物線の式を $y=f(x)=ax^2+bx+c$ …① とおく。

$f(1)=2$, $f(2)=4$, $f(3)=8$ より，

$$\begin{cases} a+b+c=2 & \cdots② \\ 4a+2b+c=4 & \cdots③ \\ 9a+3b+c=8 & \cdots④ \end{cases}$$

③－②，④－③より，

$$\begin{cases} 3a+b=2 \\ 5a+b=4 \end{cases}$$

これを解いて，

$a=1$, $b=-1$

これを②に代入して，

$1-1+c=2$ より，$c=2$

以上をまとめて，

$a=1$, $b=-1$, $c=2$

これを①に代入して，

$y=x^2-x+2$ 答

83

第2章 2次検定対策

問題58 座標平面上において，グラフが $x=2$ で x 軸に接し，点 $(0, 8)$ を通る2次関数の式を求めなさい。

解答・解説 ランクB

"2次関数のグラフが $x=2$ で x 軸に接する"ということは，放物線の頂点の座標が，$(2, 0)$ ということだね。すなわち，頂点が $(2, 0)$ で，点 $(0, 8)$ を通る2次関数のグラフの式を求めればいいわけだ。それでは，解答に入るね。

　　求める2次関数の式を $y=a(x-2)^2$ …① とおく。
　　①が点 $(0, 8)$ を通るので，
　　　　$8=4a$ → $a=2$
　　よって，求める2次関数の式は，
　　　　$y=2(x-2)^2$ 答　または，$y=2x^2-8x+8$ 答

問題59 座標平面上で，放物線 $y=x^2+4x+4$ を平行移動した放物線が2点 $(1, -3)$，$(-1, 1)$ を通るとき，この放物線の式を求めなさい。

解答・解説 ランクB

　　求める放物線の式を，
　　　　$y=x^2+ax+b$ …①とおく。 ←

（放物線の x^2 の係数は1なので平行移動した放物線の x^2 の係数は当然1となるね。）

　　①が，$(1, -3)$，$(-1, 1)$ を通るので，
　　　　$-3=1+a+b$ …②　　$1=1-a+b$ …③
　　②，③より，$a=-2$，$b=-2$
　　これを①に代入して，求める放物線の式は，
　　　　$y=x^2-2x-2$ 答

ここでの重要ポイントは，放物線 $y=ax^2+bx+c$ を平行移動したとき，x^2 の係数 a の値は変わらないということだね。なぜなら，"$y=ax^2+bx+c$ のグラフは，$y=ax^2$ のグラフを平行移動したもの"だからね。

問題60 関数 $f(x)=-(x-a)^2+3$ について,次の問に答えなさい。

(1) $a=1$ のとき,この関数の最大値を求めなさい。
(2) 定義域が $-1 \leq x \leq 3$ のときの最小値が $f(3)$ になるように,a のとりうる値の範囲を定めなさい。

――解答・解説―― ランク C

(1) $a=1$ のとき,この関数は,$f(x)=-(x-1)^2+3$ となる。

よって,$f(x)$ は,$x=1$ のとき,最大値 3 答 をとる。

(2) 高校数学 I・A の2次関数などでは,「場合分け」といわれる問題を本格的に解くわけだけど,ここではその重要ポイントとなる「放物線の軸が与えられた定義域の真ん中の値より右側か左側か,または,真ん中の値も含んで右側か左側か」という考え方をグラフをもとに理解しておこう。

それでは,解答に入るね。

関数 $f(x)=-(x-a)^2+3$ のグラフは,軸の方程式が $x=a$ で,下に開いた形(上に凸)の放物線なので右の図のようになる。すなわち,軸 $x=a$ で左右対称となる。

関数 $f(x)=-(x-a)^2+3$ …① が,$-1 \leq x \leq 3$ で,最小値 $f(3)$ をとるので,右下の図のように,放物線①の軸 $x=a$ が,直線 $x=1$(-1 と 3 の真ん中の値 $\dfrac{-1+3}{2}=1$)を含む左側にあるとき,① は最小値 $f(3)$ をとる。(ここは,じっくり理解してね)

よって,求める a の値の範囲は,$a \leq 1$ 答

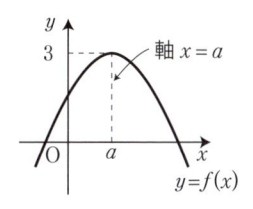

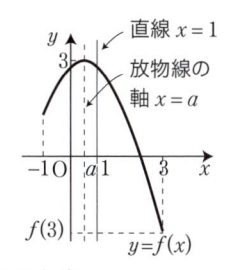

ちなみに $a=1$ のとき,$f(x)=-(x-1)^2+3$ となる。このとき,$f(-1)=f(3)=-1$ となって,$f(x)$ は $x=-1$ および $x=3$ のとき最小値 -1 をもつことがわかるね。ここは初めて学ぶときには,少し難しいけど,グラフをもとにしっかり理解しておこう。

7 不等式と判別式（高1内容）　▶▶▶ YSJ2：P66～78

●重要事項のまとめ

1　絶対値のついた不等式

　　　　$|x|<a$（もちろん $a>0$）の解は，$-a<x<a$

　例　$|x|<3$　⟺　絶対値が3より小さい数 x はどのような数ですか？
　　そのような x の値は，$-3<x<3$ です。

　　$|x-a|<b$（もちろん $b>0$）の解は，連立不等式 $-b<x-a<b$ を解く。これは $x-a=X$ とおくと，上の考え方と同じだね。

　例　$|x-3|≦4$　→　$-4≦x-3≦4$　← $x-3=X$ とおくと上の例と同じ考え方！
　　$-4≦x-3$ より $-1≦x$，$x-3≦4$ より $x≦7$，よって，$-1≦x≦7$

2　判別式

2次方程式 $ax^2+bx+c=0$（$a≠0$）の解の公式 $x=\dfrac{-b±\sqrt{b^2-4ac}}{2a}$ において，$\sqrt{}$ の中の b^2-4ac の値を判別式といい，D（discriminant の頭文字）で表す。
2次関数 $y=ax^2+bx+c$ と x 軸（直線 $y=0$）との交わり方およびその共有点の x 座標すなわち2次方程式 $ax^2+bx+c=0$ の解は，下の図のようになる。

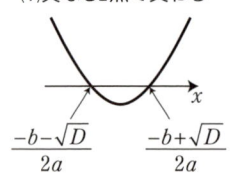

(ⅰ) 異なる2点で交わる　　　(ⅱ) 1点で接する（接点）　　　(ⅲ) 共有点をもたない

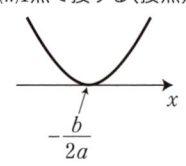

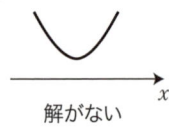

$\dfrac{-b-\sqrt{D}}{2a}$　$\dfrac{-b+\sqrt{D}}{2a}$　　　　$-\dfrac{b}{2a}$　　　　解がない

上の図(ⅰ)～(ⅲ)より，この $D=b^2-4ac$ の値によって，2次方程式の実数解の個数は次のように判別できる。

(ⅰ)　$D>0$ のとき，異なる2つの実数解をもつ

(ⅱ)　$D=0$ のとき，ただ1つの実数解をもつ

(ⅲ)　$D<0$ のとき，実数解をもたない

$b=2b'$ のとき，$D=(2b')^2-4ac=4(b'^2-ac)$ となる。この両辺を4で割ると $\dfrac{D}{4}=b'^2-ac$ となる。D と $\dfrac{D}{4}$ の値の符号は一致するので，$\dfrac{D}{4}=b'^2-ac$ の値でも解の個数を判別できる。

7 不等式と判別式（高1内容）

問題61 2次方程式 $3x^2-x-1=0$ について，次の問に答えなさい。
(1) この2次方程式の判別式の値を求めなさい。
(2) この2次方程式の実数解の個数を求めなさい。

─ 解答・解説 ─ ランクA

$3x^2-x-1=0$ の判別式を D とすると，
(1) $D=(-1)^2-4\cdot3\cdot(-1)=13$ 答
(2) $D=13>0$ より，異なる2つ 答 の実数解をもつ。

問題62 2次方程式 $x^2+2kx+1=0$ が実数解をもつように，定数 k の値の範囲を定めなさい。

─ 解答・解説 ─ ランクA

$x^2+2kx+1=0\cdots$① この判別式を D とすると，①が実数解をもつための条件は，$D\geq0$ より，（※実数解は1つでもよいので等号も含む）

$\dfrac{D}{4}=k^2-1\cdot1=k^2-1\geq0$ これを解いて，$k\leq-1$，$1\leq k$

よって，求める k の値の範囲は，$k\leq-1$，$1\leq k$ 答

問題63 放物線 $y=x^2+(a-2)x+a+1$ について，次の問に答えなさい。
(1) $a=-1$ のとき，放物線と x 軸との交点の x 座標を求めなさい。
(2) 放物線が x 軸と共有点をもたないように，a の値の範囲を定めなさい。

─ 解答・解説 ─ ランクA

(1) $y=x^2+(a-2)x+a+1\cdots$① $a=-1$ のとき，①は $y=x^2-3x$
よって，$x^2-3x=0$ → $x(x-3)=0$ これを解いて，$x=0,\ 3$ 答

(2) $x^2+(a-2)x+a+1=0$ の判別式を D とすると，
放物線が x 軸と共有点をもたないための条件は，
$D<0$ より，
$D=(a-2)^2-4(a+1)<0$ → $a^2-8a<0$
$a(a-8)<0$ これより，$0<a<8$ 答

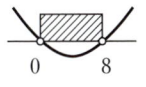

第2章 2次検定対策

問題64 放物線 $y=x^2+(k-1)x+k^2-5$ について，次の問に答えなさい。

(1) この放物線が x 軸に接するときの k の値を求めなさい。

(2) この放物線が x 軸と異なる2つの共有点をもつとき，k のとりうる値の範囲を求めなさい。

解答・解説 ランク B

(1) $y=x^2+(k-1)x+k^2-5$ …① ①が x 軸と接するとき，①と x 軸は，ただ1つの共有点をもつので，$x^2+(k-1)x+k^2-5=0$ の判別式を D とすると，$D=0$ より，$D=(k-1)^2-4(k^2-5)=0$

$\qquad -3k^2-2k+21=0 \rightarrow 3k^2+2k-21=0$

$\qquad (k+3)(3k-7)=0$ これより $k=-3,\ \dfrac{7}{3}$ **答**

(2) 放物線が x 軸と異なる2つの共有点をもつので，(1)の D を用いると，$D>0$ より，

$\qquad D=(k-1)^2-4(k^2-5)>0 \rightarrow (k+3)(3k-7)<0$

$\qquad -3<k<\dfrac{7}{3}$ **答**

問題65 縦と横の長さの和が10である長方形について，縦の長さを x とします。面積が24以下になるように，x の値の範囲を定めなさい。

解答・解説 ランク B

縦の長さが x より，横の長さは $10-x$

ここで，$0<x<10$ …①

この長方形の面積が24以下なので，$x(10-x)\leq 24$

$\qquad -x^2+10x-24\leq 0$

$\qquad x^2-10x+24\geq 0 \rightarrow (x-4)(x-6)\geq 0$

これより，$x\leq 4,\ 6\leq x$ …②

よって，①，②を同時に成り立たせる x の値の範囲は，

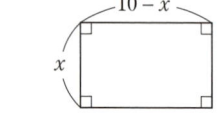

$\qquad 0<x\leq 4,\ 6\leq x<10$ **答**

7 不等式と判別式（高1内容）

問題66 2次不等式 $x^2+mx+m+3>0$ の解がすべての実数となるように，定数 m のとりうる値の範囲を定めなさい。

■ 解答・解説 ランク C

$y=f(x)=x^2+mx+m+3$ とおくと，x^2 の係数は 1>0 であるから，$y=f(x)$ のグラフが x 軸と共有点をもたないとき， 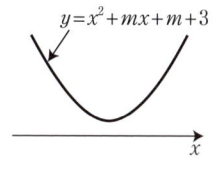
2次不等式 $x^2+mx+m+3>0$ の解は，すべての実数となる。

よって，$x^2+mx+m+3=0$ の判別式を D とすると，$D<0$ より，← x 軸と共有点がないので $D<0$

$D=m^2-4(m+3)<0$
$m^2-4m-12<0$
$(m-6)(m+2)<0$
$-2<m<6$

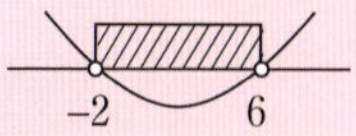

よって，定数 m のとりうる値の範囲は，$-2<m<6$ 答

問題67 次の不等式を解きなさい。

$||x|-5|<|-2|$

■ 解答・解説 ランク C

与えられた不等式は，$|-2|=2$ より，$||x|-5|<2$
よって，$-2<|x|-5<2$　← $|a|<2$ のとき $-2<a<2$ だね
$-2<|x|-5$ のとき，$|x|-5>-2$ → $|x|>3$
よって，$x<-3$, $3<x$ …①
$|x|-5<2$ のとき，$|x|<7$
よって，$-7<x<7$ …②
以上より，①，②を同時に成り立たせる x の値の範囲は，
$-7<x<-3$, $3<x<7$ 答

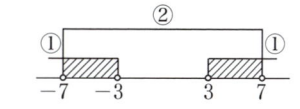

第2章　2次検定対策

8 三角比（高1内容）　▶▶▶ YSJ2：P80～104

問題68 $\sin 20°=0.342$, $\cos 20°=0.940$, $\tan 20°=0.364$ として，次の問に答えなさい。

(1) $\sin 70°$ の値を求めなさい。

(2) 右の図で，AB=10 cm であるとき，BCの長さを求めなさい。ただし答は小数第2位を四捨五入して小数第1位まで求めなさい。

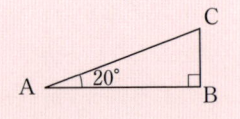

解答・解説　ランク B

(1) 右の図で $\angle C=70°$ になる。

すなわち，$\sin 70°=\dfrac{AB}{AC}$ となる。

この $\dfrac{AB}{AC}$ は，$\cos 20°$ の値と等しい。

すなわち，$\sin 70°=\cos 20°=0.940$ 答

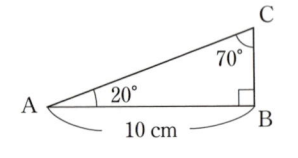

直角三角形における三角比の定義をしっかり理解しておこうね。

(2) $BC=10\times\dfrac{BC}{AB}$　← 10 cm の $\dfrac{BC}{AB}=\tan 20°$ 倍ということ

　　　$=10\times\tan 20°$　← $\tan 20°=0.364$ を代入

　　　$=3.64$

よって，$BC=3.6$ cm 答

この問題で次のことも確認しておこう。右の図で，

$\sin\theta=\cos(90°-\theta)=\dfrac{AC}{AB}$

$\cos\theta=\sin(90°-\theta)=\dfrac{BC}{AB}$

$\tan\theta=\dfrac{1}{\tan(90°-\theta)}=\dfrac{AC}{BC}$

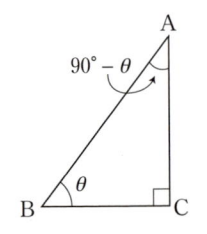

※ $\underwave{}$ は，$\tan(90°-\theta)$ の逆数だね。

8 三角比（高1内容）

三角比の値からいろいろな辺の長さを求める練習をしておこう。

【練習】 右の図で，
(1) AB=5のとき ① AC ② BC
(2) BC=5のとき ③ AC ④ AB
(3) AC=5のとき ⑤ AB ⑥ BC
の長さを求めなさい。

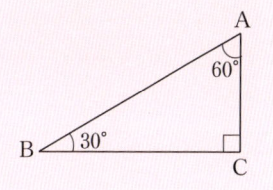

解答・解説

(1) ① $AC = 5 \times \dfrac{AC}{AB} = 5 \times \sin 30° = 5 \cdot \dfrac{1}{2} = \dfrac{5}{2}$ 答

② $BC = 5 \times \dfrac{BC}{AB} = 5 \times \cos 30° = 5 \cdot \dfrac{\sqrt{3}}{2} = \dfrac{5}{2}\sqrt{3}$ 答

(2) ③ $AC = 5 \times \dfrac{AC}{BC} = 5 \times \tan 30° = 5 \cdot \dfrac{1}{\sqrt{3}} = \dfrac{5}{\sqrt{3}}$ 答

④ $AB = 5 \times \dfrac{BA}{BC} = 5 \times \dfrac{1}{\cos 30°} = 5 \cdot \dfrac{2}{\sqrt{3}} = \dfrac{10}{\sqrt{3}}$ 答

(3) ⑤ $AB = 5 \times \dfrac{AB}{AC} = 5 \times \dfrac{1}{\sin 30°} = 5 \cdot 2 = 10$ 答

⑥ $BC = 5 \times \dfrac{BC}{AC} = 5 \times \tan 60° = 5 \cdot \sqrt{3} = 5\sqrt{3}$ 答

これらの値の求め方は，p25の重要事項のまとめの3およびp27の練習21でもやっているし，"YS3"の三平方の定理のところでもやっているので，"YS3"が手元にある人は，参考にして下さい。上記の④，⑤については，逆数が出てくるのでやりにくかった人もいるかもしれませんが，高校以上の数学では，逆数を使う場面が（ドン）^{2} 出てくるので，これにも慣れておいてね。ポイントとなるのは，三角形の隣り合う辺の比だね。

逆数の計算についても少し慣れておくことにしよう。$\dfrac{1}{x} = \dfrac{3}{2}$ のときの x の値は，この両辺の逆数をとって $x = \dfrac{2}{3}$ となるね。なぜなら，$a=b$ のとき，当然この両辺の逆数 $\dfrac{1}{a}$ と $\dfrac{1}{b}$ は等しくなるからね。上の④，⑤のところもしっかり理解してほしい。

第2章 2次検定対策

問題69 右の図の△ABCについて、次の問に答えなさい。
(1) △ABCの面積を求めなさい。
(2) この図を用いて、sin105°の値を求めなさい。

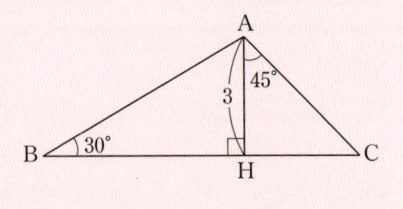

解答・解説　ランクC

底辺をBCにとると、高さは3なので、BCの長さを求める。
まず、△ABHで、∠A=60°より、
$$BH = AH \times \tan A = AH \times \tan 60° = 3 \times \sqrt{3} = 3\sqrt{3}$$

HC=3（△HCAは直角二等辺三角形なので、AH=CH）

よって、$\triangle ABC = \dfrac{1}{2} \times (3\sqrt{3}+3) \times 3 = \dfrac{9\sqrt{3}+9}{2}$ 答

(2) 右の図のように、頂点Cから辺BAの延長に垂線を引き、その交点をDとする。
直角三角形BCDにおいて、
BC=$3\sqrt{3}+3$、∠B=30°より、

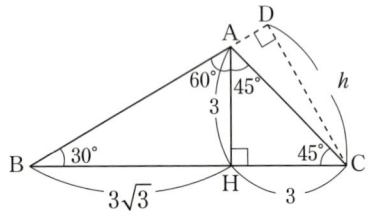

$$CD = BC \sin B = (3\sqrt{3}+3) \times \sin 30° = (3\sqrt{3}+3) \times \dfrac{1}{2} = \dfrac{3\sqrt{3}+3}{2}$$

また、CA=$3\sqrt{2}$より、

$$\sin 105° = \dfrac{CD}{CA}$$
$$= \dfrac{3\sqrt{3}+3}{2} \div 3\sqrt{2}$$
$$= \dfrac{\cancel{3}\sqrt{3}+\cancel{3}^{1}}{2 \times \cancel{3}\sqrt{2}} = \dfrac{\sqrt{3}+1}{2\sqrt{2}} = \dfrac{\sqrt{6}+\sqrt{2}}{4}$$ 答

[別解] △ABCで正弦定理より、

$\dfrac{BC}{\sin A} = \dfrac{AB}{\sin C}$ → $\dfrac{3\sqrt{3}+3}{\sin 105°} = \dfrac{6}{\sin 45°}$ これよりsin105°を求めてもいいよ。

92

問題70 右の図の△ABCについて，AB=6，BC=7，∠B=38°であるとき，△ABCの面積を求めなさい。ただし，sin38°=0.616，cos38°=0.788，tan38°=0.781とします。

解答・解説 ランク**B**

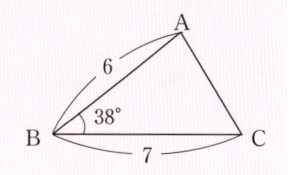

△ABCの面積を S とすると，
$$S = \frac{1}{2} \cdot 6 \cdot 7 \cdot \sin 38° = 21 \times 0.616 = 12.936 \; \text{答}$$

※ここは，面積公式に代入するだけでいいね。

問題71 △ABCにおいて，AB=1，AC=3，$\cos A = -\frac{1}{3}$ のとき，次の問に答えなさい。

(1) $\sin A$ の値を求めなさい。

(2) △ABCの面積を求めなさい。

解答・解説 ランク**B**

(1) $\cos^2 A + \sin^2 A = 1$ より，$\left(-\frac{1}{3}\right)^2 + \sin^2 A = 1$

これより，$\sin^2 A = \frac{8}{9}$

$0° < A < 180°$ より，$\sin A > 0$
　↑
△ABCで，∠Aは1つの内角なので A の範囲はこうなるね

よって，$\sin A = \frac{2\sqrt{2}}{3}$ 答

$0° < A < 180°$ のとき，$\sin A$ の値は，必ず正であることはしっかり頭に入れておこうね。

(2) △ABC $= \frac{1}{2} \text{AB} \cdot \text{AC} \cdot \sin A = \frac{1}{2} \cdot 1 \cdot 3 \cdot \frac{2\sqrt{2}}{3} = \sqrt{2}$ 答

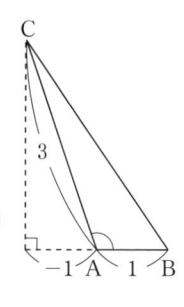

第2章　2次検定対策

問題72　1辺の長さが5である正三角形の外接円の半径を求めなさい。

― 解答・解説 ―　ランクB

1辺の長さが5である正三角形の外接円の半径を R とする。

正三角形の1つの角の大きさは，60°なので，正弦定理より，

$$\frac{a}{\sin A} = \frac{5}{\sin 60°} = 2R$$

$$R = 5 \div \underbrace{\frac{\sqrt{3}}{2}}_{\sin 60°} \times \frac{1}{2} = 5 \times \frac{2}{\sqrt{3}} \times \frac{1}{2} = \frac{5}{\sqrt{3}} = \frac{5\sqrt{3}}{3} \ \text{答}$$

問題73　右の図は，1つの辺の長さが8である三角形とその外接円をかいたものである。この外接円の半径が8であるとき，長さが8の辺の対角の大きさ θ を求めなさい。

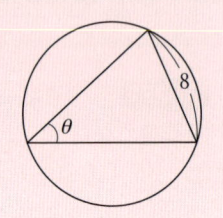

― 解答・解説 ―　ランクB

正弦定理より，

$$\frac{8}{\sin \theta} = 2 \cdot \underset{\text{外接円の半径}}{8} \quad \text{この両辺を8で割って，}$$

$$\frac{1}{\sin \theta} = 2 \quad \text{この両辺の逆数をとって，} \quad \sin \theta = \frac{1}{2}$$

$0° < \theta < 180°$ より，$\theta = 30°, 150°$ 答

YSJ2が手元にある人はp96〜97を参照して下さい。

　右の図のように，三角形で，1つの角とその対辺の長さがわかれば，その三角形の外接円が決定するね。これで正弦定理において，三角形の外接円が出てくる理由も理解できると思う。

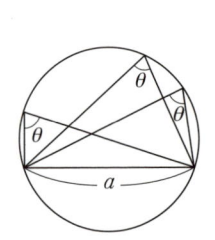

問題74 △ABC で，∠A=45°，∠B=60°，CA=$\sqrt{10}$ のとき，BC の長さを求めなさい。

解答・解説 ランクB

BC=a，CA=b とすると，正弦定理より，

$$\frac{a}{\sin A}=\frac{b}{\sin B}$$

$$\frac{a}{\sin 45°}=\frac{\sqrt{10}}{\sin 60°}$$

$$a=\frac{\sin 45° \times \sqrt{10}}{\sin 60°}=\left(\frac{1}{\sqrt{2}}\right) \times \sqrt{10} \div \left(\frac{\sqrt{3}}{2}\right)=\sqrt{5}\times\frac{2}{\sqrt{3}}=\frac{2\sqrt{5}}{\sqrt{3}}$ 答

（sin45°）（sin60°）

問題75 右の図で辺 BC の長さを求めなさい。

解答・解説 ランクB

今回は，∠A が鈍角になっている場合だね。

∠C=180°−(135°+15°)
　　=30°

正弦定理より，

$$\frac{BC}{\sin A}=\frac{AB}{\sin C} \rightarrow \frac{BC}{\sin 135°}=\frac{100}{\sin 30°}$$

$$BC=\frac{\sin 135° \times 100}{\sin 30°}=\left(\frac{1}{\sqrt{2}}\right)\times 100 \div \left(\frac{1}{2}\right)=100\sqrt{2}\ (m)$ 答

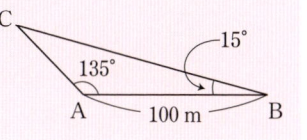

（sin135°）（sin30°）

問題72〜75 を通して，正弦定理の用い方をしっかりマスターしておいてね。

第2章 2次検定対策

問題76 AB=5，BC=4，∠B=60°の△ABCについて，辺CAの長さを求めなさい。

解答・解説 ランクB

CA=b とすると，余弦定理より，

$b^2 = 5^2 + 4^2 - 2\cdot 5\cdot 4\cos 60° = 41 - 2\cdot 5\cdot 4\cdot \dfrac{1}{2}$

$ = 21$

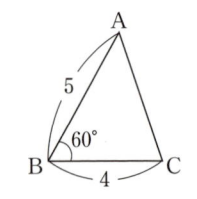

$b>0$ より，$b=\sqrt{21}$ 答

問題77 AB=7，BC=$2\sqrt{2}$，∠B=135°の△ABCについて，辺CAの長さを求めなさい。

解答・解説 ランクB

CA=b とすると，余弦定理より，

$b^2 = 7^2 + (2\sqrt{2})^2 - 2\cdot 7\cdot 2\sqrt{2}\cdot \cos 135°$

$ = 57 - 28\sqrt{2}\cdot \left(-\dfrac{1}{\sqrt{2}}\right) = 85$

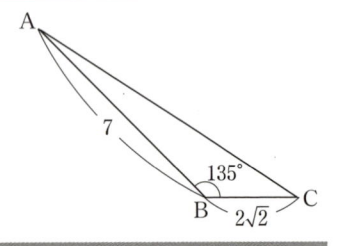

$b>0$ より，$b=\sqrt{85}$ 答

問題78 AB=10，BC=$3\sqrt{3}$，∠B=150°の△ABCについて，辺CAの長さを求めなさい。

解答・解説 ランクB

CA=b とすると，余弦定理より，

$b^2 = 10^2 + (3\sqrt{3})^2 - 2\cdot 10\cdot 3\sqrt{3}\cdot \cos 150°$

$ = 127 - 60\sqrt{3}\cdot \left(-\dfrac{\sqrt{3}}{2}\right) = 217$

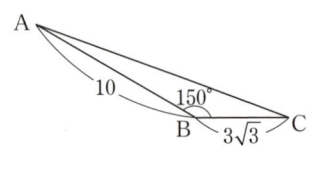

$b>0$ より，$b=\sqrt{217}$ 答

余弦定理の使い方にも慣れてきたかな？

問題79 AB=5，BC=6，CA=4である△ABCについて，次の問に答えなさい。
(1) $\cos B$ の値を求めなさい。
(2) $\sin B$ の値を求めなさい。
(3) △ABCの面積を求めなさい。

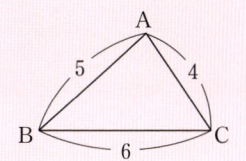

解答・解説 ランク B

(1) BC=a，CA=b，AB=c とすると，余弦定理より，$b^2=c^2+a^2-2ca\cos B$

これを $\cos B$ について解くと，$\cos B=\dfrac{c^2+a^2-b^2}{2ca}$

これに $a=6$, $b=4$, $c=5$ を代入して，$\cos B=\dfrac{5^2+6^2-4^2}{2\cdot 5\cdot 6}=\dfrac{3}{4}$ 答

(2) $\sin^2 B+\cos^2 B=1$ に $\cos B=\dfrac{3}{4}$ を代入して，$\sin^2 B=\dfrac{7}{16}$

$0°<B<180°$ より，$\sin B=\dfrac{\sqrt{7}}{4}$ 答

(3) $\triangle ABC=\dfrac{1}{2}\cdot 5\cdot 6\cdot \sin B=\dfrac{1}{2}\cdot 5\cdot 6\cdot \dfrac{\sqrt{7}}{4}=\dfrac{15\sqrt{7}}{4}$ 答

問題80 AB=4，BC=x，CA=5である△ABCにおいて，$\cos B$ の値を x を用いて表しなさい。

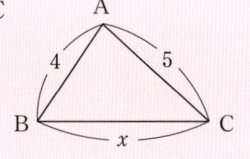

解答・解説 ランク B

CA=b，AB=c とすると，余弦定理より，

$$\cos B=\dfrac{c^2+x^2-b^2}{2cx}=\dfrac{4^2+x^2-5^2}{2\cdot 4\cdot x}=\dfrac{x^2-9}{8x}$$ 答

余弦定理の変形公式

$$\cos A=\dfrac{b^2+c^2-a^2}{2bc},\quad \cos B=\dfrac{c^2+a^2-b^2}{2ca},\quad \cos C=\dfrac{a^2+b^2-c^2}{2ab}$$

は，覚えられる人は覚えてほしい。

第 2 章　2 次検定対策

問題81　△ABC で，BC=a，CA=b，AB=c とします。3辺の比が $a:b:c=3:4:5$ のとき，$\sin A : \sin B : \sin C$ を求めなさい。

──**解答・解説**── ランク **C**

正弦定理より，$\dfrac{a}{\sin A} = \dfrac{b}{\sin B} = \dfrac{c}{\sin C} = 2R$

これより，$\sin A = \dfrac{a}{2R}$，$\sin B = \dfrac{b}{2R}$，$\sin C = \dfrac{c}{2R}$　← $\dfrac{a}{\sin A} = 2R$ 逆数をとると $\dfrac{\sin A}{a} = \dfrac{1}{2R}$ より $\sin A = \dfrac{a}{2R}$ だね

よって，$\sin A : \sin B : \sin C = \dfrac{a}{2R} : \dfrac{b}{2R} : \dfrac{c}{2R} = a : b : c$

すなわち，$\sin A : \sin B : \sin C = a : b : c = 3 : 4 : 5$　**答**

問題82　$\sin\theta - \cos\theta = \dfrac{1}{3}$ のとき，次の問に答えなさい。

(1) $\sin\theta + \cos\theta$ の値を求めなさい。

(2) $\dfrac{\cos\theta}{\sin\theta} + \dfrac{\sin\theta}{\cos\theta}$ の値を求めなさい。

──**解答・解説**── ランク **B**

(1)　$\sin\theta - \cos\theta = \dfrac{1}{3}$　この両辺を2乗して，

$(\sin\theta - \cos\theta)^2 = \left(\dfrac{1}{3}\right)^2$ → $\underbrace{\sin^2\theta + \cos^2\theta}_{\text{これが1}} - 2\sin\theta\cos\theta = \dfrac{1}{9}$

$1 - 2\sin\theta\cos\theta = \dfrac{1}{9}$　→　$\sin\theta\cos\theta = \dfrac{4}{9}$

よって，$(\sin\theta + \cos\theta)^2 = \sin^2\theta + \cos^2\theta + 2\sin\theta\cos\theta = 1 + 2 \times \dfrac{4}{9} = \dfrac{17}{9}$

すなわち，$\sin\theta + \cos\theta = \pm\dfrac{\sqrt{17}}{3}$　**答**

(2)　$\dfrac{\cos\theta}{\sin\theta} + \dfrac{\sin\theta}{\cos\theta} = \dfrac{\cos^2\theta + \sin^2\theta}{\sin\theta\cos\theta} = 1 \div \dfrac{4}{9} = \dfrac{9}{4}$　**答**

ここでは，$\sin^2\theta + \cos^2\theta = 1$ を活用するのがポイント！（p148 参照）$\sin\theta + \cos\theta$ や $\sin\theta - \cos\theta$ などの値が与えられたら，それを2乗することで $\sin^2\theta + \cos^2\theta$ や $\sin\theta\cos\theta$ が出てくるね。したがって，$\sin^2\theta + \cos^2\theta = 1$ を代入することで，$\sin\theta\cos\theta$ の値を求めることができるわけだね。

8 三角比（高1内容）

問題83 右の図の△ABCにおいて、BC=a, CA=b, AB=c とします。このとき、

余弦定理 $b^2=c^2+a^2-2ca\cos B$

が成り立つことを証明しなさい。

ただし、∠Bは鋭角であるとします。

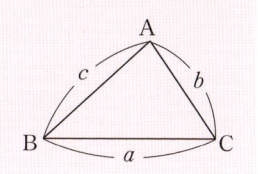

解答・解説 ランクC

「読めばスッキリ！数学検定準2級への道」では、余弦定理についての証明を省略していたので、ここでその一部を証明しておこう。数学は、なぜそうなるのかをきちんと理解した上で学習したほうが知識が身につくからね。

[証明] 右の図のように、頂点Aから辺BCに垂線を引き、その交点をHとする。
このとき、

$\quad$ BH=$c\cos B$ …①

$\quad$ AH=$c\sin B$ …②

①より、HC=$a-c\cos B$ …③

△AHCは直角三角形なので、三平方の定理より、

$\quad$ AH^2+HC^2=AC^2 …④

②、③を④に代入して

$\quad (c\sin B)^2+(a-c\cos B)^2=b^2$

$\quad c^2\sin^2 B+a^2-2ca\cos B+c^2\cos^2 B=b^2$

$\quad c^2(\sin^2 B+\cos^2 B)+a^2-2ca\cos B=b^2$

ここで、$\sin^2 B+\cos^2 B=1$ より、

$\quad c^2+a^2-2ca\cos B=b^2$

$\quad b^2=c^2+a^2-2ca\cos B$

これで、余弦定理が成り立つわけも理解できたと思う。スッキリしたかな？ ∠Bが直角や鈍角の場合も同様にして証明できるよ。

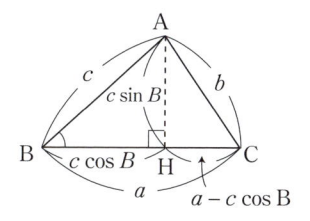

第2章 2次検定対策

問題84 右の図のように，円に内接する四角形ABCDがあります。AB=3, BC=3, CD=2, ∠B=60°のとき，次の問に答えなさい。

(1) 対角線 AC の長さを求めなさい。
(2) 辺 AD の長さを求めなさい。
(3) 四角形 ABCD の面積を求めなさい。

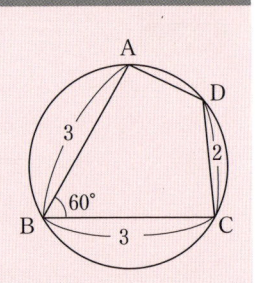

― 解答・解説 ― ランクC

(1) △BCA は，頂角が60°の二等辺三角形だから，正三角形となる。
　　よって，AC=3 **答**

(2) AD=x とすると，△ACD で余弦定理より，

$$3^2 = 2^2 + x^2 - 2\cdot 2\cdot x\cos(180°-60°)$$

← 円に内接する四角形の対角の和は180°

$$9 = 4 + x^2 - 4x(-\cos 60°)$$

← $\cos(180°-\theta) = -\cos\theta$
もちろん cos 120°でもいいけど，この公式を確認したかったわけだね。

$$9 = x^2 + 4 - 4x\cdot\left(-\frac{1}{2}\right) \rightarrow x^2 + 2x - 5 = 0$$

これを解いて，$x = -1 \pm \sqrt{6}$　$x>0$ より，$x = -1+\sqrt{6}$ **答**

(3) 四角形 ABCD の面積を S とすると，

$S = \triangle ABC + \triangle ADC$

$= \dfrac{1}{2}\cdot 3\cdot 3\cdot \sin 60° + \dfrac{1}{2}\cdot 2\cdot(\sqrt{6}-1)\sin 120°$

$= \dfrac{1}{2}\cdot 9\cdot \dfrac{\sqrt{3}}{2} + \dfrac{1}{2}\cdot(2\sqrt{6}-2)\cdot \dfrac{\sqrt{3}}{2}$

← $\dfrac{1}{2}\times\dfrac{\sqrt{3}}{2} = \dfrac{\sqrt{3}}{4}$ でくくる

$= \dfrac{\sqrt{3}}{4}(9+2\sqrt{6}-2) = \dfrac{\sqrt{3}}{4}(7+2\sqrt{6}) = \dfrac{7\sqrt{3}+6\sqrt{2}}{4}$ **答**

三角比の180°に関する変形公式を下に書いておくので，再確認してほしい。

$\sin(180°-\theta) = \sin\theta$, $\cos(180°-\theta) = -\cos\theta$, $\tan(180°-\theta) = -\tan\theta$

θ は，30°や45°や60°に置き換えて確認しておこうね。

8 三角比（高1内容）

問題85 △ABCにおいて，BC=a，CA=b，AB=cとします。a=4，b=5，c=6のとき，△ABCの内接円の半径を求めなさい。

解答・解説　ランクC

右の図で，△ABCの面積をS，内接円の半径をrとするとき，

$$S = \frac{1}{2}ar + \frac{1}{2}br + \frac{1}{2}cr$$
$$= \frac{1}{2}(a+b+c)r$$

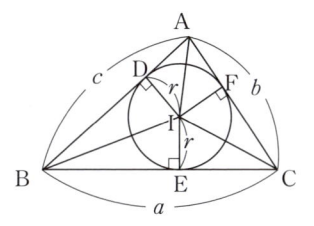

となるね。

参考までに，この図で直角三角形IBDとIBE，ICEとICF，IADとIAFは，直角三角形の合同条件により，すべて合同になるね。すなわち，Iは，三角形の3つの角の二等分線の交点になっている。三角形で，内角の二等分線の交点を三角形の内心ということも覚えておくといいね。（p170参照）

では，この問題の解答に入るね。

余弦定理より，

$$\cos B = \frac{c^2 + a^2 - b^2}{2ca} = \frac{6^2 + 4^2 - 5^2}{2 \cdot 6 \cdot 4} = \frac{9}{16}$$

$\cos^2 B + \sin^2 B = 1$ および $\sin B > 0$ より，

$$\sin B = \sqrt{1 - \left(\frac{9}{16}\right)^2} = \sqrt{\frac{175}{256}} = \frac{5\sqrt{7}}{16}$$

△ABCの面積をSとすると，

$$S = \frac{1}{2} \text{AB} \cdot \text{BC} \cdot \sin B = \frac{1}{2} \cdot 6 \cdot 4 \cdot \frac{5\sqrt{7}}{16} = \frac{15\sqrt{7}}{4} \quad \cdots ①$$

また，$S = \frac{1}{2}(a+b+c)r = \frac{1}{2}(4+5+6)r = \frac{15}{2}r \quad \cdots ②$

①，②より，$\frac{15}{2}r = \frac{15\sqrt{7}}{4} \rightarrow \frac{r}{2} = \frac{\sqrt{7}}{4} \rightarrow r = \frac{\sqrt{7}}{2}$ **答**

少し難しかったね。

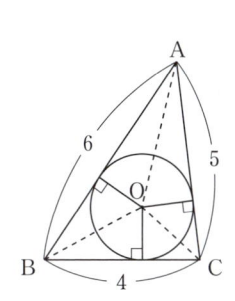

9 場合の数と確率（高1内容） ▶▶▶ YSJ2：p120〜143

問題86 3，5，7，11，13 の 5 個の素数のうち，3 個以上の数をかけ合わせてできる整数は全部で何通りありますか。

解答・解説　ランク **B**

3，5，7，11，13 の 5 個の素数のうち 3 個以上の数をかけ合わせてできる整数は，次の 3 通りが考えられる。

(i) 5 個の異なる素数のうち 3 個を選んでかけ合わせる。

$$_5C_3 = \frac{_5P_3}{3!} = \frac{5 \cdot 4 \cdot 3}{3 \cdot 2 \cdot 1} = 10 \text{ （通り）}$$

(ii) 5 個の異なる素数のうち 4 個を選んでかけ合わせる。

$$_5C_4 = {_5C_1} = 5 \text{ （通り）}$$

(iii) 5 個の異なる素数のうち 5 個を選んでかけ合わせる。

$$_5C_5 = 1 \text{ （通り）}$$

この(i)〜(iii)は同時には起こらないので，求める場合の数は，和の法則より，

$$_5C_3 + {_5C_4} + {_5C_5} = 10 + 5 + 1 = 16 \text{ （通り）} \text{答}$$

問題87 A，B，C，D，E の 5 人が 1 列に並ぶとき，次の問に答えなさい。
(1) 並び方の総数を求めなさい。
(2) A，B が両端に並ぶときの並び方の総数を求めなさい。

解答・解説　ランク **B**

(1) $5! = 5 \cdot 4 \cdot 3 \cdot 2 \cdot 1 = 120$ （通り）答

　　または，$_5P_5 = 5! = 5 \cdot 4 \cdot 3 \cdot 2 \cdot 1 = 120$ （通り）答

(2) まず，A，B の 2 人を除いた C，D，E の 3 人の並び方の総数は，$3! = 3 \cdot 2 \cdot 1 = 6$ （通り），この 6 通りのそれぞれに対して，右の図のように，A，B の 2 人の並び替えの総数が $2! = 2 \cdot 1 = 2$ （通り）あるので，求める並び方の総数は，積の法則より，

```
A ○○○ B
B ○○○ A
```

　　$3! \times 2! = 6 \times 2 = 12$ （通り）答

> **問題88**　A，B，C，D，E，Fの6人が右の図のような円卓のテーブルに座るとき，座り方の総数を求めなさい。

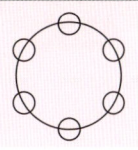

── 解答・解説 ──　ランク **B**

6人が1列に並ぶときの総数は，6!=720（通り）だけど，たとえば，

ABCDEF, FABCDE, EFABCD, DEFABC, CDEFAB, BCDEFA

の6通りは，直線上に1列に並ぶときは違う並びになるけど，円卓のテーブルに座ったときは1通りになるのは理解できる？なぜなら，この6通りは，円卓のテーブルでは，席が1つずつずれて，一周しているから並び方としては1通りになるからね。同様に，

BACDEF, FBACDE, EFBACD, DEFBAC, CDEFBA, ACDEFB

の並びも円卓に座る場合は，1通りになるね。以上の例などから，6人が1列に並ぶときの総数6!通りの中に，6通りずつ同じものが含まれるので，6で割る必要がある。よって，6!÷6=5!=120（通り）**答**となる。

これは円順列と呼ばれ，一般的には，$n! \div n = (n-1)!$ で求められる。これは，1人を固定するといった考えもできる。

> **問題89**　10人の生徒をA班6人とB班4人の2つに分けます。
> 「A班　準備をするグループ」「B班　後片付けをするグループ」
> 　ただし，K君とS君はA班に入るものとして，A班の6人の選び方は，全部で何通りありますか。

── 解答・解説 ──　ランク **B**

10人のうち，K君とS君の2人は，「A班　準備をするグループ」の6人の中に入るので，この2人を除いた8人から6−2=4（人）を選べばよい。

よって，求める選び方は，$\displaystyle {}_8C_4 = \frac{{}_8P_4}{4!} = \frac{8 \cdot 7 \cdot 6 \cdot 5}{4 \cdot 3 \cdot 2 \cdot 1} = 70$（通り）**答**

問題90
右の図で，①〜⑤の直線は，すべて平行で，またア〜カの直線もすべて平行です。このとき，これらの直線で囲まれた平行四辺形は，全部でいくつできますか。

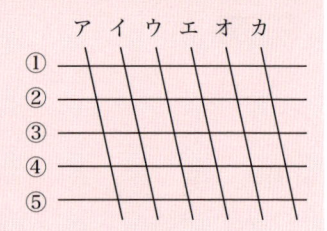

解答・解説　ランクB

①〜⑤の5本の直線から2本の直線の選び方の総数は，

$$_5C_2 = \frac{_5P_2}{2!} = \frac{5\cdot 4}{2\cdot 1} = 10 \text{（通り）}$$

同様に，ア〜カの6本の直線から2本の直線の選び方の総数は，

$$_6C_2 = \frac{_6P_2}{2!} = \frac{6\cdot 5}{2\cdot 1} = 15 \text{（通り）}$$

よって，積の法則より求める平行四辺形の総数は，

$$_5C_2 \times _6C_2 = 10 \times 15 = 150 \text{（個）　答}$$

樹形図でのイメージは，下のようになる。

$$_5C_2 = 10\text{（通り）}\begin{cases}(①,②)\begin{cases}(ア,イ)\\(ア,ウ)\\ \vdots \\(オ,カ)\end{cases}\Big\}\ _6C_2 = 15\text{（通り）}\\ \vdots \\ (④,⑤)\begin{cases}(ア,イ)\\(ア,ウ)\\ \vdots \\(オ,カ)\end{cases}\Big\}\ _6C_2 = 15\text{（通り）}\end{cases}$$

問題91
"KAKURITSU"の9つの文字を1列に並べるときの並べ方の総数を求めなさい。

解答・解説　ランクB

9つの文字のうち，同じ文字Kが2個，Uが2個含まれているので，求める並べ方の総数は，

$$\frac{9!}{2!2!} = \frac{9\cdot 8\cdot 7\cdot 6\cdot 5\cdot 4\cdot 3\cdot 2\cdot 1}{2\cdot 1\cdot 2\cdot 1} = 90720 \text{　答}$$

問題92 同じ形をした4個の赤球と3個の白球が入った袋があります。この袋から中を見ずに3個を取り出すとき，次の問に答えなさい。
(1) 3個とも赤球である確率を求めなさい。
(2) 2個が赤球で1個が白球である確率を求めなさい。

━━ 解答・解説 ━━ ランク **B**

(1) 4個の赤球と3個の白球合わせて7個が入った袋から3個を取り出すときの取り出し方の総数は，
$$_7C_3 = \frac{_7P_3}{3!} = \frac{7 \cdot 6 \cdot 5}{3 \cdot 2 \cdot 1} = 35 \text{ (通り)}$$
このうち，3個とも赤球を取り出すのは，$_4C_3 = _4C_1 = 4$（通り）
よって，求める確率は，$\dfrac{_4C_3}{_7C_3} = \dfrac{4}{35}$ 答

(2) 2個が赤球で1個が白球となるのは，4個の赤球から2個を選んで，3個の白球から1個を選べばよいので，積の法則より，
$$_4C_2 \times _3C_1 = 6 \times 3 = 18 \text{ (通り)}$$
よって，求める確率は，$\dfrac{18}{35}$ 答

問題93 1～10までの整数が書かれた10枚のカードがあり，この10枚のカードから1枚を引きます。1以上4以下のカードを引く事象をA，7以上のカードを引く事象をBとするとき，次の問に答えなさい。
(1) 事象Aが起こる確率$P(A)$と事象Bが起こる確率$P(B)$を求めなさい。
(2) 事象Aまたは事象Bが起こる確率を求めなさい。

━━ 解答・解説 ━━ ランク **A**

(1) $P(A) = \dfrac{4}{10} = \dfrac{2}{5}$ 答，$P(B) = \dfrac{4}{10} = \dfrac{2}{5}$ 答

(2) 事象Aと事象Bは同時には起こらないので，事象Aまたは事象Bが起こる確率は，$P(A) + P(B) = \dfrac{2}{5} + \dfrac{2}{5} = \dfrac{4}{5}$ 答

第2章　2次検定対策

> **問題94**　1〜10までの整数が書かれた10枚のカードがあり，この10枚のカードから1枚を引きます。3以上7以下のカードを引く事象を A, 4以上9以下のカードを引く事象を B とするとき，次の問に答えなさい。
> (1) 事象 A が起こる確率 $P(A)$ と事象 B が起こる確率 $P(B)$ を求めなさい。
> (2) 事象 A または事象 B が起こる確率 $P(A \cup B)$ を求めなさい。

解答・解説　ランク **B**

(1)　$P(A) = \dfrac{5}{10} = \dfrac{1}{2}$ 答，$P(B) = \dfrac{6}{10} = \dfrac{3}{5}$ 答

(2)　事象 A と事象 B が同時に起こる場合の数は，4，5，6，7のカードを引くときなので，$n(A \cap B) = 4$ より，$P(A \cap B) = \dfrac{4}{10}$

よって，事象 A または事象 B が起こる確率は，

$$P(A \cup B) = P(A) + P(B) - P(A \cap B) = \dfrac{5}{10} + \dfrac{6}{10} - \dfrac{4}{10} = \dfrac{7}{10} \text{ 答}$$

> **問題95**　事柄 A が起こる確率が $\dfrac{1}{3}$，事柄 B が起こる確率が $\dfrac{1}{2}$，事柄 A と事柄 B がともに起こる確率が $\dfrac{1}{5}$ であるとき，事柄 A または事柄 B が起こる確率を求めなさい。

解答・解説　ランク **B**

事柄 A または事柄 B が起こる確率は，

$$P(A \cup B) = P(A) + P(B) - P(A \cap B) = \dfrac{1}{3} + \dfrac{1}{2} - \dfrac{1}{5} = \dfrac{19}{30} \text{ 答}$$

※問題93〜95を通して和事象の確率にも慣れてきたと思うけど，この定理がよく理解できていない人は，p47の重要事項のまとめの8でしっかり理解すること。この考え方が，次に出てくる反復試行の確率の求め方の根本になるよ。

9 場合の数と確率（高1内容）

問題96 ある試験で，数学に関する問題が問1〜問5の5問あり，それぞれの問題に5つの選択肢があります。いずれの問題も正解は1つだけで，これらを無作為に答えるとき，次の問に答えなさい。
(1) 問1と問3だけ正解する確率を求めなさい。
(2) 5問中2問だけ正解する確率を求めなさい。

解答・解説 ランク B

(1) 正解である確率が $\dfrac{1}{5}$ より，不正解である確率は，$1-\dfrac{1}{5}=\dfrac{4}{5}$

よって，独立な試行の確率により，

$$\dfrac{1}{5}\times\dfrac{4}{5}\times\dfrac{1}{5}\times\dfrac{4}{5}\times\dfrac{4}{5}=\dfrac{64}{3125} \text{答}$$

※ 1：○　2：×　3：○　4：×　5：×

(2) 5問中2問だけ正解するのは，反復試行の確率により，

$$_5C_2\left(\dfrac{1}{5}\right)^2\cdot\left(\dfrac{4}{5}\right)^3=10\times\dfrac{64}{3125}=\dfrac{128}{625} \text{答} \leftarrow \dfrac{64}{3125} \text{を10回加えるという意味だよ！}$$

問題97 1円玉，5円玉，10円玉，100円玉の4枚の硬貨を同時に投げるとき，次の問に答えなさい。
(1) 1円玉が表，5円玉が裏，10円玉が表，100円玉が表となる確率を求めなさい。
(2) 3枚が表，1枚が裏となる確率を求めなさい。

解答・解説 ランク B

(1) 各硬貨で，表となる確率は $\dfrac{1}{2}$，裏となる確率も $\dfrac{1}{2}$

よって，求める確率は，$\left(\dfrac{1}{2}\right)^4=\dfrac{1}{16}$ 答

(2) 3枚が表，1枚が裏となるのは，反復試行の確率により，

$$_4C_3\left(\dfrac{1}{2}\right)^3\cdot\left(\dfrac{1}{2}\right)^1=4\cdot\dfrac{1}{16}=\dfrac{1}{4} \text{答}$$

第 2 章　2 次検定対策

問題98　1 個のサイコロを続けて 6 回振るとき，3 の目がちょうど 2 回出る確率を求めなさい。

■ 解答・解説　ランク B

サイコロを 1 回振るとき，

3 の目が出る確率は $\frac{1}{6}$，3 以外の目が出る確率は $\frac{5}{6}$

よって，1 個のサイコロを続けて 6 回振るとき，3 の目がちょうど 2 回出るのは，反復試行の確率より，

$${}_6C_2 \left(\frac{1}{6}\right)^2 \cdot \left(\frac{5}{6}\right)^4 = 15 \times \frac{1}{36} \times \frac{625}{1296} = \frac{3125}{15552}$$ 答

問題99　6 個のサイコロを同時に振るとき，3 または 5 の目がちょうど 2 個出る確率を求めなさい。

■ 解答・解説　ランク B

1 個のサイコロを 1 回振るとき，

3 または 5 の目が出る確率は $\frac{1}{3}$，それ以外の目が出る確率は $\frac{2}{3}$

よって，6 個のサイコロを同時に振るとき，3 または 5 の目がちょうど 2 個出るのは，反復試行の確率より，

$${}_6C_2 \cdot \left(\frac{1}{3}\right)^2 \cdot \left(\frac{2}{3}\right)^4 = 15 \times \frac{1}{9} \times \frac{16}{81} = \frac{80}{243}$$ 答

これで反復試行の確率にもかなり慣れてきたと思います。考え方をしっかり理解しておけば大丈夫だと思いますので，ここの理解が不十分な人は，YSJ2：p139 を参考にして下さい。

9 場合の数と確率（高1内容）

問題100 A，B，C，Dの4人でじゃんけんを1回するとき，次の問に答えなさい。ただし，手の出し方は同様に確からしいものとします。
(1) Aだけが勝つ確率を求めなさい。
(2) あいことなる確率を求めなさい。

──解答・解説── **ランクC**

4人でじゃんけんをするときの，手の出し方の総数は，積の法則より $3^4=81$ 通りある。このときの樹形図の一部は右にかいてあるよ。

さて，たとえば，Aだけがグーで勝つのは，他の3人はすべてチョキを出すときの1通りだけになるね。AとBがグーで勝つという事象も1通りになるよ。では，この問題の解答に入るね。

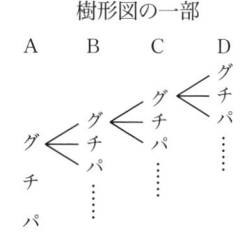

樹形図の一部

(1) 4人がじゃんけんをするときの手の出し方の総数は，積の法則より，$3^4=81$ 通り，Aだけが勝つのは，グー，チョキ，パーのいずれかで勝つ3通りだけなので，求める確率は，$\dfrac{3}{3^4}=\dfrac{1}{27}$ **答**

(2) あいことなるのは，次の(i)～(iii)以外の場合になる。
　(i) 4人中1人が勝つ　(ii) 4人中2人が勝つ　(iii) 4人中3人が勝つ
　(i)のとき，4人中1人の勝者の選び方は，$_4C_1$ 通り
　　また，1人の勝者の勝ち方は，それぞれグー，チョキ，パーの3通りなので，4人中1人が勝つ場合の数は，積の法則より，$_4C_1 \times 3 = 12$（通り）
　(ii)のとき，4人中2人の勝者の選び方は，$_4C_2$ 通り
　　また，2人の勝者の勝ち方は，それぞれグー，チョキ，パーの3通りなので，4人中2人が勝つ場合の数は，積の法則より，$_4C_2 \times 3 = 18$（通り）
　(iii)のとき，(i)，(ii)と同様に考えて，$_4C_3 \times 3 = 12$（通り）
　　(i)～(iii)より，求める確率は，
$$1 - \left(\dfrac{12}{81} + \dfrac{18}{81} + \dfrac{12}{81}\right) = 1 - \dfrac{42}{81} = \dfrac{13}{27} \ \text{**答**}$$

この内容は，数学検定2級のレベルになるかもね。

10 平面図形（高1内容） ▶▶▶ ここで初めて扱う

●重要事項のまとめ

1 チェバの定理

右の図1で，線分 AP，BQ，CR が1点 O で、交わるとき，$\dfrac{BP}{PC} \times \dfrac{CQ}{QA} \times \dfrac{AR}{RB} = 1$ となる定理のこと。これだけではわかりにくい。でもわかるようになるよ。まず，右の図2で，△OAC と△OAB の面積比が CP:PB になるのはわかる？

△OAC と△OAB で，底辺 AO は共通，高さの比は，CK:BH

ここで，△CPK ∽ △BPH なので CK:BH=CP:BP となるね。（p71 問題36 を参照）

よって，$\dfrac{BP}{PC} = \dfrac{\triangle OAB}{\triangle OAC}$ …①

さて，図1で，上と同様にして

$\dfrac{CQ}{QA} = \dfrac{\triangle OCB}{\triangle OAB}$ …② ← △OAB と△OCB で底辺 BO は共通，高さの比は QA:CQ

$\dfrac{AR}{RB} = \dfrac{\triangle OAC}{\triangle OBC}$ …③ ← △OBC と△OAC で底辺 CO は共通，高さの比は RB:AR

となることがわかるね。（図1を参照してね）

①，②，③の辺々をそれぞれかけ合わせると，

$\dfrac{BP}{PC} \times \dfrac{CQ}{QA} \times \dfrac{AR}{RB} = \dfrac{\cancel{\triangle OAB}}{\cancel{\triangle OAC}} \times \dfrac{\cancel{\triangle OCB}}{\cancel{\triangle OAB}} \times \dfrac{\cancel{\triangle OAC}}{\cancel{\triangle OBC}} = 1$

上の2つ を入れ換えると，チェバの定理は，

$\dfrac{BP}{PC} \times \dfrac{AR}{RB} \times \dfrac{CQ}{QA} = 1$

すなわち，右の図で，$\dfrac{②}{①} \times \dfrac{④}{③} \times \dfrac{⑥}{⑤} = 1$ となる。

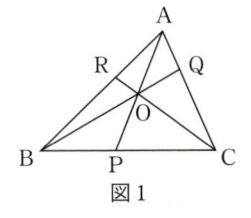

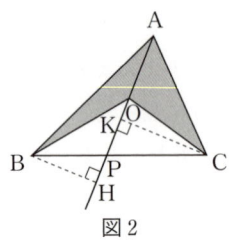

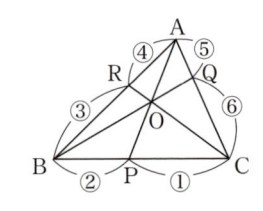

これまでのことをまとめておこう。

チェバの定理は，本来（？）下の式だけど，

$$\frac{\mathrm{BP}}{\mathrm{PC}} \times \frac{\mathrm{CQ}}{\mathrm{QA}} \times \frac{\mathrm{AR}}{\mathrm{RB}} = 1$$

上の式で積を構成する2番目と3番目の項を入れ換えると，

$$\frac{\mathrm{BP}}{\mathrm{PC}} \times \frac{\mathrm{AR}}{\mathrm{RB}} \times \frac{\mathrm{CQ}}{\mathrm{QA}} = 1$$

すなわち，右の図において，

$$\frac{②}{①} \times \frac{④}{③} \times \frac{⑥}{⑤} = 1 \quad \cdots (1)$$

の形になっている。これは，点Cをスタート地点として，

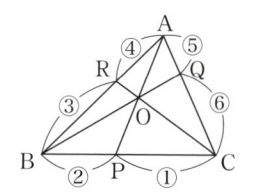

$$\mathrm{C} \to \mathrm{P} \to \mathrm{B} \to \mathrm{R} \to \mathrm{A} \to \mathrm{Q} \to \mathrm{C}$$

というぐあいに，三角形の辺上を1周回って点Cがゴールになっている形だね。

ところで，(1)で，分母と分子をひっくり返すと（逆数をとると），

$$\frac{①}{②} \times \frac{③}{④} \times \frac{⑤}{⑥} = 1 \quad \cdots (2)$$

さらに(2)で，分子の①，③，⑤を下のように入れ換えると，

$$\frac{③}{②} \times \frac{⑤}{④} \times \frac{①}{⑥} = 1$$

これは，Pをスタートして時計回りに1周してPに戻った形になっている。このようにして調べていくと，結局，チェバの定理は，右上の図で，A，B，C，P，Q，Rのいずれかの点をスタート（ゴール）として三角形の辺上を一回りする形の定理になっているね。したがって，どこか1点自分の好きな点を決めて，三角形の辺上を1周すればいいわけだね。スタート，ゴールが同じ点であることにも注意しておこう。

これでチェバの定理の証明も使い方も理解できたと思う。理解ができたので，(ドン)² 練習して使っていこう。

2 メネラウスの定理

△ABC の辺 BC, CA, AB または, その延長と, 三角形の頂点を通らない直線 ℓ との交点をそれぞれ P, Q, R とするとき,

$$\frac{BP}{PC} \times \frac{CQ}{QA} \times \frac{AR}{RB} = 1 \quad \cdots ①$$

が成り立つという定理のこと。

では, 証明に入るね。

頂点 A を通り直線 ℓ に平行な直線と, 直線 BC との交点を D とする。

△CDA で, 三角形と比の定理より,

$$CQ : QA = PC : PD \quad \cdots ②$$

②より,

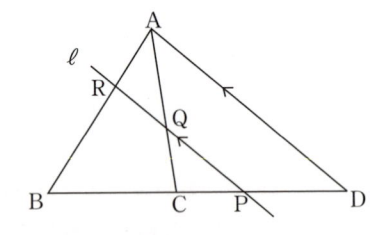

$$\frac{CQ}{QA} = \frac{PC}{PD} \quad \cdots ②'$$ ← この値を比の値といったね。等しい比では, 比の値は等しい。

△BDA でも同様にして,

$$AR : RB = PD : BP \quad \cdots ③$$

③より,

$$\frac{AR}{RB} = \frac{PD}{BP} \quad \cdots ③'$$ ← この値を比の値といったね。等しい比では, 比の値は等しい。

②', ③'を①に代入して,

$$\frac{BP}{PC} \times \frac{CQ}{QA} \times \frac{AR}{RB} = \frac{BP}{PC} \times \frac{PC}{PD} \times \frac{PD}{BP} = 1$$ ← ①の左辺の値は, すべて約分できて1になった。

さて, この定理の使い方だけど, これも, ①で積を構成する2番目と3番目の項を入れ換えると,

$$\frac{BP}{PC} \times \frac{AR}{RB} \times \frac{CQ}{QA} = 1 \quad となる。$$

すなわち右の図で, $\dfrac{②}{①} \times \dfrac{④}{③} \times \dfrac{⑥}{⑤} = 1$ となる。

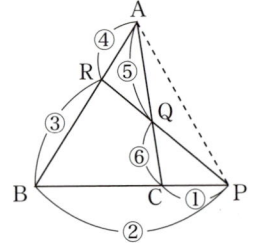

10 平面図形（高1内容）

　これは，前ページ下の△ABPで辺BP上のCをスタート地点として，三角形の辺上を①→②→③→④で動き，⑤→⑥で三角形の内部に入って元のCに戻る形になっている。チェバの定理と共通して言えることは，スタート（S）地点とゴール（G）地点が同じであることだね。メネラウスの定理の使い方を確認しておこう。

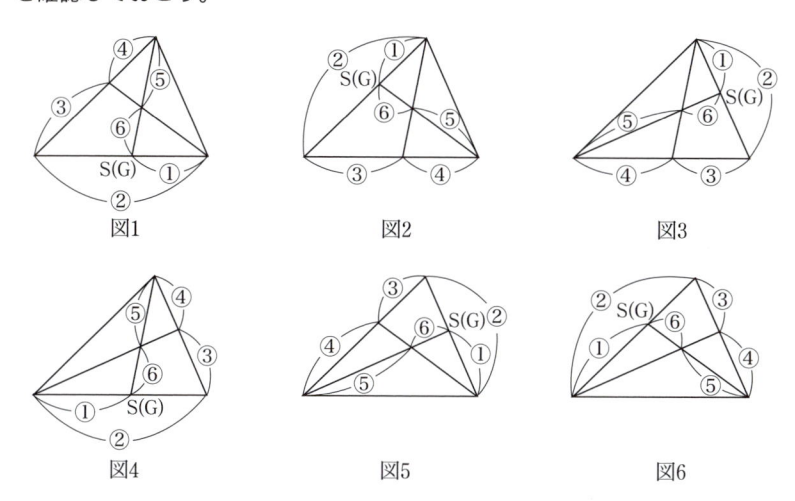

図1　　　　　　　図2　　　　　　　図3

図4　　　　　　　図5　　　　　　　図6

　上の図1と2，図3と4，図5と6は，それぞれ同じ図になっているけど，回り方は図に示した通りになるよ。
　チェバの定理とメネラウスの定理の使い方は次のように覚えておけばいいと思う。

・三角形の各頂点を通る3つの直線が，三角形の内部で1点で交われば，チェバの定理
・三角形の2つの頂点を通る2本の直線の交点が三角形の内部にあれば，メネラウスの定理

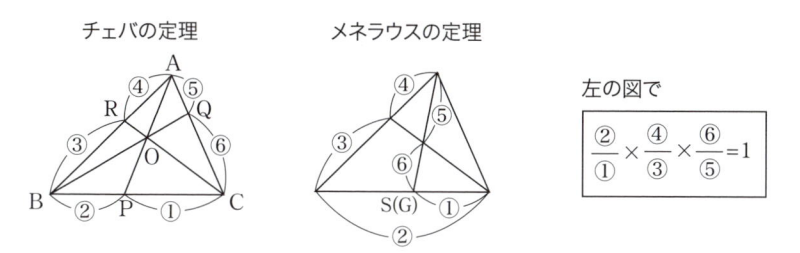

チェバの定理　　　　メネラウスの定理

左の図で

$$\frac{②}{①} \times \frac{④}{③} \times \frac{⑥}{⑤} = 1$$

113

第2章　2次検定対策

問題101　右の図で，点Pは AP：PB＝2：3 を満たす点，点Rは辺ACの中点です。点Qは辺BC上にあり，線分AQ，BR，CPが点Sで交わるとき，次の問に答えなさい。 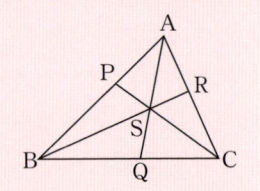
(1)　BQ：QC を求めなさい。
(2)　BS：SR を求めなさい。

---解答・解説---　ランクB

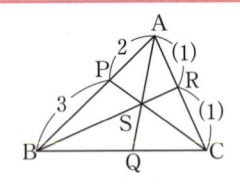

(1) チェバの定理より，

$$\frac{PA}{BP} \times \frac{RC}{AR} \times \frac{QB}{CQ} = 1$$ ← Bをスタートとして時計回りに1周した

$$\frac{2}{3} \times \frac{1}{1} \times \frac{BQ}{QC} = 1 \rightarrow \frac{BQ}{QC} = \frac{3}{2} \rightarrow BQ:QC = 3:2 \text{ 答}$$

(2) メネラウスの定理より， ← Rをスタート・ゴールとした

$$\frac{CA}{RC} \times \frac{PB}{AP} \times \frac{SR}{BS} = 1 \rightarrow \frac{2}{1} \times \frac{3}{2} \times \frac{SR}{BS} = 1 \rightarrow \frac{SR}{BS} = \frac{1}{3} \rightarrow BS:SR = 3:1 \text{ 答}$$

問題102　右の図で，点D，E，Fは三角形の辺上にあり，ADは∠Aの二等分線，AF＝1，BF＝2，AC＝2で，AD，BE，CFの交点がPです。△ABCの面積が S のとき，△PBCの面積を S の式で表しなさい。

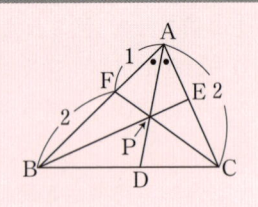

---解答・解説---　ランクB

内角の二等分線の定理より，BD：DC＝BA：AC＝3：2

メネラウスの定理より，$\frac{5}{2} \times \frac{1}{2} \times \frac{PD}{AP} = 1$ ← Dがスタート・ゴール

$$\frac{PD}{AP} = \frac{4}{5} \rightarrow AP:PD = 5:4 \rightarrow PD = \frac{4}{9}AD \rightarrow \triangle PDC = \frac{4}{9}S \text{ 答}$$

※△PBCと△ABCは，BCを底辺とすると高さの比はPD：ADになるね。点P，Aから辺BCに垂線を引くと三角形と比の定理からわかると思う。
（p172 問題5 参照）

第3章

予想問題（5回分）

1. 第1回【1次】検定予想問題
   第1回【2次】検定予想問題
2. 第2回【1次】検定予想問題
   第2回【2次】検定予想問題
3. 第3回【1次】検定予想問題
   第3回【2次】検定予想問題
4. 第4回【1次】検定予想問題
   第4回【2次】検定予想問題
5. 第5回【1次】検定予想問題
   第5回【2次】検定予想問題

予想問題

1 第1回検定予想問題【1次】● 60分　解答はp136

1　次の問に答えなさい。

(1) 次の式を展開して計算しなさい。
$(x+3)(x-5)-(x+1)^2$

(2) 次の式を因数分解しなさい。
x^2+5x-6

(3) 次の方程式を解きなさい。
$x^2-4x+1=0$

(4) 次の計算をしなさい。
$\sqrt{108}-\dfrac{3}{\sqrt{3}}$

(5) yはxの2乗に比例し，$x=-3$のとき$y=27$です。このとき，yをxの式で表しなさい。

2　次の問に答えなさい。

(6) 縦の長さが4cm，横の長さが6cmの長方形があります。この長方形の対角線の長さを求めなさい。

(7) 右の図で，$\ell/\!/m/\!/n$のとき，xの値を求めなさい。

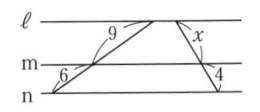

(8) 次の式を展開しなさい。
$(x+2)^3$

116

(9) 次の式を因数分解しなさい。
x^3+2x^2-8x

(10) 次の式の分母を有理化しなさい。
$\dfrac{2}{\sqrt{3}+1}$

3 次の問に答えなさい。

(11) 放物線 $y=x^2+2x+4$ の頂点の座標を求めなさい。

(12) 2次不等式 $2x^2-7x-15<0$ を解きなさい。

(13) 5人中3人が1列に並ぶときの並び方の総数を求めなさい。

(14) $0°<\theta<90°$ で，$\cos\theta=\dfrac{1}{5}$ のとき，次の問に答えなさい。
① $\sin\theta$ の値を求めなさい。
② $\tan\theta$ の値を求めなさい。

(15) 集合 $A=\{0, 1, 2, 3, 4, 5\}$，$B=\{3, 5, 7\}$ について，次の問に答えなさい。
① 集合 $A \cap B$ を，要素を書き並べる方法で表しなさい。
② 集合 $A \cup B$ の要素の個数を求めなさい。

予想問題

第1回検定予想問題【2次】 ● 90分　解答はp136〜138

1　右の図は，1辺が8cmの正三角形ABCで，辺BCの中点をMとします。辺BC上に，BP=2cmを満たす点Pをとり，頂点AとM，AとPを結ぶとき，次の問に答えなさい。
　(1)　線分AMの長さを求めなさい。
　(2)　線分APの長さを求めなさい。

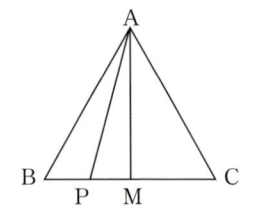

2　次の問に答えなさい
　(3)　nを正の整数とします。$\sqrt{\dfrac{35n}{6}}$ が整数となるような，最小のnの値を求めなさい。

3　右の図で，DE∥BCであるとき，次の問に答えなさい。
　(4)　△ADEと四角形DBCEの面積の比を求めなさい。

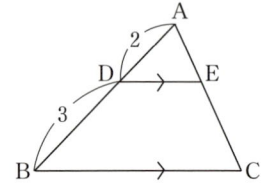

4　放物線 $y=-2x^2+8x+1$ について，次の問に答えなさい。
　(5)　この放物線の頂点の座標を求めなさい。
　(6)　(5)で求めた点を頂点とし，点(3, 11)を通る放物線の式を求めなさい。

5　次の問に答えなさい。
　(7)　6個のさいころを同時に投げるとき，4以上の目がちょうど4個出る確率を求めなさい。

6 　右の図の△ABCにおいて，次の問に答えなさい。
　　ただし，
　　　　　　sin70°＝0.940
　　　　　　sin80°＝0.985
　　とします。

(8)　△ABCの外接円の半径を求めなさい。

(9)　辺ABの長さを求めなさい。ただし答は，小数第1位を四捨五入して，整数で答えること。

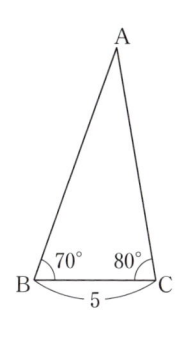

7 　次の問に答えなさい。

(10)　a，bを正の整数とするとき，$3a+2b=50$をみたすa，bの値の組は，全部で何組ありますか。

2 第2回検定予想問題【1次】 ● 60分 解答はp139

1 次の問に答えなさい。

(1) 次の式を展開して計算しなさい。
$(a+b)(a-b)-a^2$

(2) 次の式を因数分解しなさい。
$9x^2-6x+1$

(3) 次の方程式を解きなさい。
$x^2+4x-1=0$

(4) 次の計算をしなさい。
$(\sqrt{3}+\sqrt{2})^2-3\sqrt{6}$

(5) 関数 $y=3x^2$ について，x の値が -1 から 5 まで増加するときの変化の割合を求めなさい。

2 次の問に答えなさい。

(6) 1辺の長さが $3\,\text{cm}$ の立方体の対角線の長さを求めなさい。

(7) 右の図で，$\ell \mathbin{/\mkern-2mu/} m$ のとき，x の値を求めなさい。

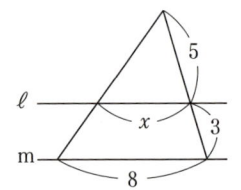

(8) 次の式を展開して，計算しなさい。
$(x+2y)(3x-y)$

(9) 次の式を因数分解しなさい。
$ax-ay+bx-by$

(10) $x=\sqrt{3}+1$ のとき，$x-\dfrac{1}{x}$ の値を求めなさい。

3 次の問に答えなさい。

(11) 放物線 $y=x^2+2x+3$ を x 軸方向に 1，y 軸方向に 3 だけ平行移動した放物線の式を求めなさい。

(12) 2次不等式 $x^2+x-6>0$ を解きなさい。

(13) 大小2個のさいころを同時に振るとき，2個とも4以下の目が出る確率を求めなさい。

(14) $0°<\theta<90°$ で，$\sin\theta=\dfrac{1}{3}$ のとき，次の問に答えなさい。

① $\cos\theta$ の値を求めなさい。
② $\tan\theta$ の値を求めなさい。

(15) 全体集合 U を，$U=\{x|x$ は，20以下の正の整数$\}$ とし，集合 A を，$A=\{x|x$ は15の正の約数$\}$ とします。これについて，次の問に答えなさい。

① 集合 A を要素を書き並べる方法で表しなさい。
② 集合 $\overline{A}$ の要素の個数を求めなさい。ただし，$\overline{A}$ は集合 A の補集合を表します。

第2回検定予想問題【2次】 ● 90分

1 右の図のように，AB=12, AC=18 の△ABC の辺 AC 上に，AD=8 を満たす点 D をとります。これについて，次の問に答えなさい。

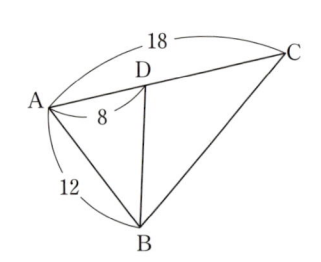

(1) △ABC と相似な三角形はどれですか。記号を用いて表しなさい。

(2) △ABD の面積が 40 のとき，△ABC の面積を求めなさい。

2 次の問に答えなさい。

(3) 半径 r の円の面積が $a\pi$ ($a>0$) であるとき，$r=\sqrt{a}$ であることを示しなさい。

3 次の問に答えなさい。

(4) n を正の整数として，$\sqrt{338n}$ が整数となるときの最小の n の値を求めなさい。

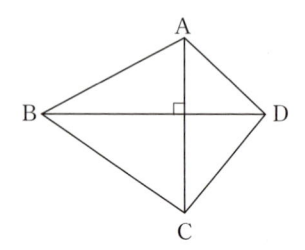

4 右の図のように，2つの対角線 AC と BD が垂直に交わるような四角形 ABCD について，BD+AC=8 が成り立つとき，AC=x，四角形の面積を y として，次の問に答えなさい。

(5) y を x の式で表しなさい。

(6) y の最大値を求めなさい。ただし，$0<x<8$ とします。

5 赤球が3個，白球が2個入った袋 A と赤球が1個，白球が4個入った袋 B があります。これらの袋から球を1個ずつ取り出すとき，次の問に答えなさい。

(7) 赤球と白球を1個ずつ取り出す確率を求めなさい。

6　右の図において，次の問に答えなさい。ただし，次の値を用いてもよいものとします。

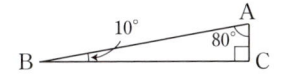

　　　　sin80°＝0.9848
　　　　cos80°＝0.1736
　　　　tan80°＝5.6713

(8)　sin10°の値を求めなさい。

(9)　BC＝20 であるとき，AC の長さを求めなさい。答は小数第2位を四捨五入して，小数第1位まで求めなさい。

7　次の問に答えなさい。

(10)　三角形は，2辺とその間にない角が与えられたとき，1通りに決定しないことを，具体的な例を示して説明しなさい。

3 第3回検定予想問題【1次】● 60分　解答はp142

1　次の問に答えなさい。

(1) 次の式を展開して計算しなさい。
$$(3x+2y)(3x-2y)-(2x+y)(x-y)$$

(2) 次の式を因数分解しなさい。
$$x^3-3x^2-4x$$

(3) 次の方程式を解きなさい。
$$x^2-6x-4=0$$

(4) 次の計算をしなさい。
$$(2\sqrt{3}+3)^2-(\sqrt{3}+1)(\sqrt{3}+5)$$

(5) 関数 $y=-2x^2$ について，$y=-8$ のときの x の値を求めなさい。

2　次の問に答えなさい。

(6) 相似な2つの三角形 A と B の相似比が $2:3$ であるとき，この2つの三角形 A と B の面積比を求めなさい。

(7) 右の図の直角三角形 ABC で，辺 AC の長さを求めなさい。

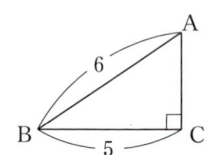

(8) 次の式を展開して，計算しなさい。
$$(2x-3y)^3$$

(9) 次の式を因数分解しなさい。
$$(x^2-2x)^2+2(x^2-2x)+1$$

(10) 次の式の分母を有理化しなさい。

$$\frac{3}{2\sqrt{3}-1}$$

3 次の問に答えなさい。

(11) 放物線 $y=x^2+ax+1$ が，点 $(1, 5)$ を通るとき，a の値を求めなさい。

(12) 2次不等式 $6x^2-7x-3 \geqq 0$ を解きなさい。

(13) 大小2個のさいころを同時に振るとき，大きい目の数から小さい目の数をひいた差が4となる確率を求めなさい。

(14) $0°<\theta<90°$ で，$\tan\theta=5$ のとき，次の問に答えなさい。
① $\sin\theta$ の値を求めなさい。
② $\cos\theta$ の値を求めなさい。

(15) 50以下の正の整数全体の集合を U とし，U の部分集合のうち3の倍数全体の集合を A とし，50の約数全体の集合を B とします。このとき，次の問に答えなさい。
① 集合 A の要素の個数を求めなさい。
② 集合 B の要素の個数を求めなさい。

予想問題

第3回検定予想問題【2次】● 90分　解答はp142〜145

1　右の図でDE∥BCのとき，次の問に答えなさい。
　(1)　△ABCと相似な三角形はどれですか。記号を用いて表しなさい。この問題は答だけを書いてください。
　(2)　(1)の2つの三角形が相似であることを示し，AB：AD=BC：DEとなることを証明しなさい。

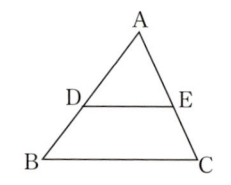

2　次の問に答えなさい。
　(3)　ある斜面を転がり始めてから t 秒間に転がる距離を S (m) とするとき，$S=\dfrac{5}{2}t^2$ の関係が成り立ちます。このとき，転がり始めてから，6秒後までの平均の速さを求めなさい。

3　次の問に答えなさい。
　(4)　$3<\sqrt{3a}<5$ を成り立たせる整数 a は，何個ありますか。

4　2次関数 $y=x^2+2(k-2)x+k^2+1$ について，次の問に答えなさい。
　(5)　この関数のグラフが，x 軸上で異なる2つの共有点をもつとき，k の値の範囲を求めなさい。
　(6)　$k=0$ のとき，この関数の最小値とそのときの x の値を求めなさい。

5　9人の生徒が1列に並ぶとき，次の問に答えなさい。
　(7)　並び方は全部で何通りありますか。
　(8)　A，B，Cの3人が，両端と中央のどこかに並ぶような並び方は何通りありますか。

6　右の図のような，AB=10，BC=15，∠B=30°の△ABCについて，次の問に答えなさい。

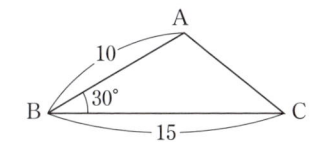

(9)　△ABCの面積を求めなさい。

7　次のような規則で●が並んでいます。これについて，次の問に答えなさい。

1番目　2番目　3番目　4番目　……

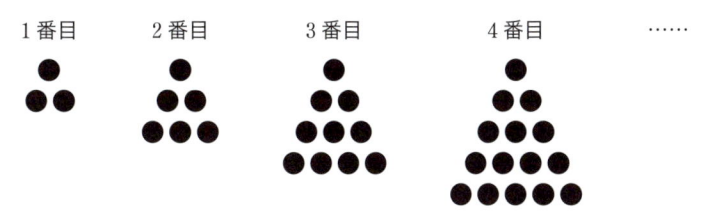

(10)　10番目11番目の●の数の和を求めなさい。この問題は答だけを書いてください。

予想問題

4 第4回検定予想問題【1次】● 60分　解答はp146

1　次の問に答えなさい。

(1) 次の式を展開して計算しなさい。
$$(x-5)^2 - x(x+1)$$

(2) 次の式を因数分解しなさい。
$$4x^2 - 169$$

(3) 次の方程式を解きなさい。
$$x^2 - 4x - 7 = 0$$

(4) 次の計算をしなさい。
$$\sqrt{45} - \frac{5}{\sqrt{5}} - \sqrt{80}$$

(5) 関数 $y = -x^2$ について，x の値が，a から $a+2$ まで増加するときの変化の割合が 8 であるとき，a の値を求めなさい。

2　次の問に答えなさい。

(6) 2点 $(-3, 2)$，$(5, 1)$ 間の距離を求めなさい。

(7) 50以上の整数のうち，もっとも小さい素数を求めなさい。

(8) 次の式を展開して，計算しなさい。
$$(x+1)(x^2 - x + 1)$$

(9) 次の式を因数分解しなさい。
$$8x^3 - 27y^3$$

(10) 次の計算をしなさい。
$$\frac{2}{\sqrt{3}+\sqrt{2}} - \frac{\sqrt{3}-\sqrt{2}}{2}$$

3 次の問に答えなさい。

(11) 放物線 $y=-2x^2-8x-5$ の軸の方程式を求めなさい。

(12) 2次不等式 $-15x^2-38x-7>0$ を解きなさい。

(13) $_6P_2$ の値を求めなさい。

(14) $90°<\theta<180°$ で，$\sin\theta=\dfrac{3}{5}$ のとき，次の問に答えなさい。

① $\cos\theta$ の値を求めなさい。

② $\tan\theta$ の値を求めなさい。

(15) 全体集合 $U=\{1, 2, 3, 4, 5, 6\}$ とその部分集合 $A=\{2, 4, 6\}$ について，次の問に答えなさい。

① $n(A)$ の値を求めなさい。

② $n(\overline{A})$ の値を求めなさい。

第4回検定予想問題【2次】 ● 90分

1 右の図のように，半径 6 cm の円 O に，円外の点 P から接線を引き，その接点を A とします。PO=13 cm であるとき，次の問に答えなさい。
   (1) 線分 PA の長さを求めなさい。
   (2) 点 A と直線 PO との距離を求めなさい。

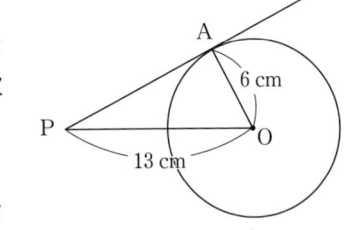

2 次の問に答えなさい。
   (3) 2つの連続する偶数のそれぞれの平方の和は，4の倍数になることを証明しなさい。

3 次の問に答えなさい。
   (4) n を正の整数とするとき，$\sqrt{13-n}$ が整数となるような n の値をすべて求めなさい。

4 関数 $y=2x^2+4ax+3$ について，次の問に答えなさい。
   (5) この関数の最小値とそのときの x の値を，a を用いて表しなさい。
   (6) この関数の最小値が -1 以上であるような a の値の範囲を求めなさい。

5 $\sin\theta+\cos\theta=\dfrac{1}{2}$ のとき，次の問に答えなさい。
   ただし，$0°\leqq\theta\leqq 180°$ とします。
   (7) $\dfrac{\cos\theta}{\sin\theta}+\dfrac{\sin\theta}{\cos\theta}$ の値を求めなさい。

6 無作為に答えると正解である確率が $\frac{1}{5}$ である 5 者択一問題が 5 問ある。これら 5 問をすべて無作為に答えるとき，次の問に答えなさい。

(8) 第 1 問と第 5 問だけが正解である確率を求めなさい。

(9) 5 問中 2 問だけ間違える確率を求めなさい。

7 右の図のように，∠A=90°である直角三角形 ABC の頂点 A から辺 BC に垂線を引き，その交点を D とします。これについて，次の問に答えなさい。

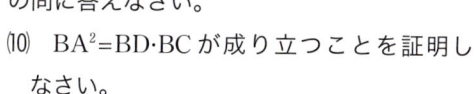

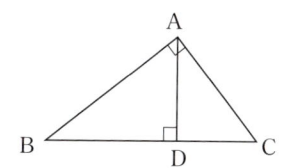

(10) $BA^2=BD \cdot BC$ が成り立つことを証明しなさい。

5 第5回検定予想問題【1次】 ● 60分　解答は p150

1　次の問に答えなさい。

(1) 次の式を展開して計算しなさい。

$$\left(x-\frac{1}{2}y\right)^2 - 3\left(x-\frac{1}{2}y\right)^2$$

(2) 次の式を因数分解しなさい。

$4a^2b - 4ab + b$

(3) 次の方程式を解きなさい。

$x^2 - 5x + 1 = 0$

(4) 次の計算をしなさい。

$$\left(\sqrt{3}-\sqrt{5}\right)^2 - \frac{30}{\sqrt{15}}$$

(5) 関数 $y=-2x^2$ について，x の変域が $-2 \leq x \leq 3$ であるときの y の変域を求めなさい。

2　次の問に答えなさい。

(6) 1辺の長さが 8 cm の正三角形の高さを求めなさい。

(7) 右の図で，$\angle x$ の大きさを求めなさい。

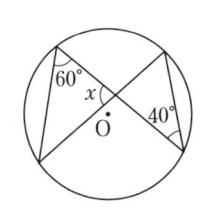

(8) 次の式を因数分解しなさい。

$a^2 + b^2 + c^2 + 2ab + 2bc + 2ca$

(9) 右の図で，x の値を求めなさい。

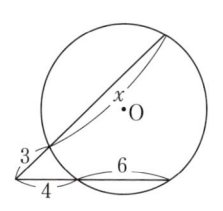

(10) 次の計算をしなさい。
$$\frac{1}{\left(\sqrt{3}-2\right)^2} - \frac{1}{\left(\sqrt{3}+2\right)^2}$$

3 次の問に答えなさい。

(11) 2次関数 $y=-6x^2+x+2$ のグラフと x 軸との交点の x 座標を求めなさい。

(12) 次の連立不等式を解きなさい。
$$\begin{cases} 2x+3 < x+5 \\ 3x-5 < 5x+1 \end{cases}$$

(13) ${}_5C_3$ の値を求めなさい。

(14) $0° \leqq \theta \leqq 180°$ のとき，次の式を満たす θ を求めなさい。
  ① $\tan\theta = 1$
  ② $\tan\theta = -1$

(15) 全体集合 $U=\{1, 2, 3, 4, 5, 6, 7, 8, 9\}$ とその2つの部分集合 $A=\{2, 4, 8\}$，$B=\{1, 2, 3, 4, 6\}$ について，次の問に答えなさい。
ただし，$\overline{A}$ は集合 A の補集合を表します。
  ① 集合 $A \cup B$ を，要素を書き並べる方法で表しなさい。
  ② 集合 $\overline{A} \cup \overline{B}$ の要素の個数を求めなさい。

予想問題

第5回検定予想問題【2次】● 90分   解答はp150〜153

1　次の問に答えなさい。
　(1)　x についての2次方程式 $x^2+ax-4=0$ の1つの解が -4 であるとき，a の値ともう1つの解を求めなさい。

2　右の図のように3辺が3，4，5である直角三角形 ABC があります。頂点 A から，辺 BC に垂線を引き，その交点を H とするとき，次の問に答えなさい。
　(2)　線分 AH の長さを求めなさい。
　(3)　△AHC の面積を求めなさい。

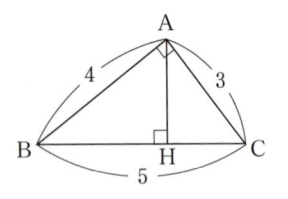

3　次の問に答えなさい。
　(4)　2つの連続する奇数のそれぞれの平方の和に5を加えた数は，4で割ると3余ることを証明しなさい。

4　2次関数 $y=ax^2+bx+c$ のグラフが，xy 座標平面上の3点 $(0,1)$，$(1,3)$，$(2,7)$ を通るとき，次の問に答えなさい。
　(5)　a，b，c の値を求めなさい。
　(6)　この関数の定義域が $-1≦x≦3$ のとき，最大値とそのときの x の値を求めなさい。

5 赤球 5 個，白球 6 個が入った袋があります。この袋から 6 個の球を取り出すとき，次の問に答えなさい。ただし，これらの球は色以外は区別がつかないものとします。

(7) 2 個が赤球で 4 個が白球である確率を求めなさい。

6 右の図のような，AB=3，BC=4，∠B=60°の△ABC について，次の問に答えなさい。

(8) 辺 AC の長さを求めなさい。

(9) $\sin C$ の値を求めなさい。

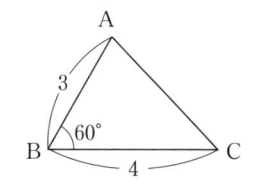

7 右の図の直線 PT は，T を接点とする円 O の接線で，点 P を通り円 O と 2 点で交わる直線を引きます。その 2 つの交点のうち，点 P に近い側から順に A，B とするとき，次の問に答えなさい。

(10) $PT^2 = PA \cdot PB$ （方べきの定理）が成り立つことを証明しなさい。

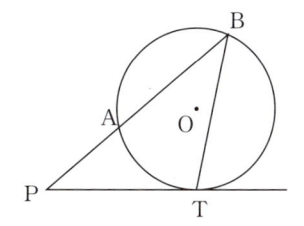

1 第1回検定予想問題

【1次】解答例

1　(1)　$-4x-16$　　(2)　$(x+6)(x-1)$　　(3)　$x=2\pm\sqrt{3}$　　(4)　$5\sqrt{3}$

　　(5)　$y=3x^2$

2　(6)　$2\sqrt{13}$ cm　　(7)　$x=6$　　(8)　$x^3+6x^2+12x+8$

　　(9)　$x(x+4)(x-2)$　　(10)　$\sqrt{3}-1$

3　(11)　$(-1, 3)$　　(12)　$-\dfrac{3}{2}<x<5$　　(13)　60通り

　　(14)　①　$\dfrac{2\sqrt{6}}{5}$　　②　$2\sqrt{6}$　　(15)　①　$\{3, 5\}$　　②　7個

【2次】解答例

1　(1)　点 M は，正三角形の辺 BC の中点なので，

　　　△ABM は，直角三角形となる。

　　　　△ABM で，三平方の定理より，

　　　　　　$AM^2+BM^2=AB^2$ …①

　　　AB=8，BM=4 より，これらの値を①に代入して，

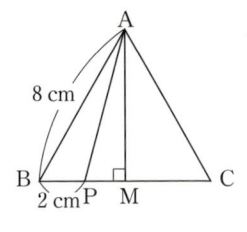

　　　　　　$AM^2+4^2=8^2$

　　　AM>0 より，$AM=\sqrt{8^2-4^2}=4\sqrt{3}$ (cm) 答

※もちろん，△ABM は ∠B=60° の直角三角形なので，60°，30° の直角三角形の3辺の比より，$AM=AB\times\dfrac{\sqrt{3}}{2}$ となる。よって，$AM=8\times\dfrac{\sqrt{3}}{2}=4\sqrt{3}$ として求めてもいいよ。

　　(2)　△APM は直角三角形で，PM=4-2=2，$AM=4\sqrt{3}$

　　　三平方の定理より，$AP=\sqrt{2^2+\left(4\sqrt{3}\right)^2}=\sqrt{52}=2\sqrt{13}$ (cm) 答

2 (3) $\sqrt{\dfrac{35n}{6}} = \sqrt{\dfrac{5\times 7\times n}{6}}$

したがって，$n=6\times 5\times 7=210$ のとき，

与式 $=\sqrt{5^2\times 7^2}=\sqrt{(5\times 7)^2}=35$ となる。

$n=210$ 答

※2番目に小さい n といわれたら，$n=6\times 5\times 7\times 2^2$ となるね。

3 (4) △ADE と △ABC は相似で，相似比は $2:5$ より，面積比は $4:25$

したがって，△ADE と四角形 DBCE の面積比は，

$4:(25-4)=4:21$ 答

4 (5) $y=-2x^2+8x+1$

$\quad =-2(x^2-4x)+1$

$\quad =-2(x^2-4x+4-4)+1$

$\quad =-2(x-2)^2+9$

よって，頂点の座標は，$(2,9)$ 答

(6) 点 $(2,9)$ を頂点とする放物線の式は，$y=a(x-2)^2+9$ …①

と表すことができる。

①が点 $(3,11)$ を通るので，$11=a\times(3-2)^2+9$

これを解いて，$a=2$

よって，求める放物線の式は，$y=2(x-2)^2+9$ 答

5 (7) 4以上の目が出る確率は，$\dfrac{3}{6}=\dfrac{1}{2}$

それ以外の目が出る確率は，$1-\dfrac{1}{2}=\dfrac{1}{2}$

6個中4個だけ4以上の目が出る確率は，反復試行の確率により，

$_6C_4\left(\dfrac{1}{2}\right)^4\left(\dfrac{1}{2}\right)^2=15\cdot\dfrac{1}{16}\cdot\dfrac{1}{4}=\dfrac{15}{64}$ 答

予想問題

6 (8) $\angle A = 180° - (70° + 80°) = 30°$

△ABC の外接円の半径を R とすると，正弦定理より，

$$\frac{a}{\sin A} = 2R \quad よって，R = \frac{a}{2\sin A}$$

これに $A = 30°$，$a = 5$ を代入して，

$$R = \frac{5}{2\sin 30°} = 5 \div 2\sin 30° = 5 \div \left(2 \times \frac{1}{2}\right) = 5 \text{答}$$

(9) 正弦定理より，$\dfrac{\text{AB}}{\sin C} = 2R$ よって，$\text{AB} = 2R\sin C$

これに $R = 5$，$\sin C = \sin 80° = 0.985$ を代入して，

$\text{AB} = 2 \cdot 5 \cdot 0.985 = 9.85$

小数第1位を四捨五入して，$\text{AB} = 10$ 答

7 (10) $3a + 2b = 50 \quad \cdots ①$

①を b について解くと，

$$b = \frac{50 - 3a}{2} \quad \cdots ①'$$

b は正の整数なので，$50 - 3a > 0$ ← 分母が正なので分子も正

これを解いて，$a < \dfrac{50}{3} = 16.66\cdots \quad \cdots ②$

a も正の整数なので，$0 < a \quad \cdots ③$

②，③より，$0 < a < 16.66\cdots \quad \cdots ④$

①'で，b は整数だから，右辺の分子 $50 - 3a$ は，分母が2であることから偶数でなければならない。すなわち，a も偶数である。よって，④より $a = 2, 4, 6, 8, 10, 12, 14, 16$ となる。

よって，求める (a, b) の値の組は，$(2, 22)$，$(4, 19)$，$(6, 16)$，$(8, 13)$，$(10, 10)$，$(12, 7)$，$(14, 4)$，$(16, 1)$ の8組 答

2 第2回検定予想問題

【1次】解答例

1　(1)　$-b^2$　　(2)　$(3x-1)^2$　　(3)　$x=-2\pm\sqrt{5}$　　(4)　$5-\sqrt{6}$　　(5)　12

2　(6)　$3\sqrt{3}$ cm　(7)　$x=5$　(8)　$3x^2+5xy-2y^2$　(9)　$(x-y)(a+b)$

　(10)　$\dfrac{\sqrt{3}+3}{2}$　※(9)について，与式 $=a(x-y)+b(x-y)=(x-y)(a+b)$

3　(11)　$y=x^2+5$　(12)　$x<-3, 2<x$　(13)　$\dfrac{4}{9}$

　(14)　①　$\dfrac{2\sqrt{2}}{3}$　②　$\dfrac{1}{2\sqrt{2}}$　(15)　①　$\{1, 3, 5, 15\}$　②　16個

※(11)について，与式の x, y をそれぞれ $x-1$, $y-3$ で置き換える。

【2次】解答例

1　(1)　△ABC∽△ADB　答　参考までに証明も書いておくね。
　　　　△ABC と △ADB で，
　　　　　AB：AD＝12：8＝3：2…①
　　　　　AC：AB＝18：12＝3：2…②
　　　　　∠A は共通…③
　　①〜③より，2組の辺の比とその間の角がそれぞれ等しいので，
　　　　△ABC∽△ADB

(2)　△ABC∽△ADB で，相似比は，3：2なので，面積比は，9：4となる。よって，△ABC の面積を S とすると，9：4＝S：40
これより，$S=90$　すなわち，△ABC の面積は 90　答
※または，$40\times\dfrac{9}{4}=90$ で求めてもよい。

2　(3)　半径 r の円の面積が $a\pi$ だから，$\pi r^2=a\pi$
　　　　これより，$r^2=a$, $r>0$ より，$r=\sqrt{a}$ となる。

3　(4)　$\sqrt{338n}=\sqrt{2\times169n}=\sqrt{2\times13^2\times n}$
　　　　よって，$\sqrt{338n}$ が整数となるときの最小の n は，$n=2$　答

139

予想問題

4 (5) BD+AC=8 で，AC=x より，BD=$8-x$

よって，$y=\dfrac{x(8-x)}{2}$ 答

※右の図のように，対角線 AC と BD が垂直に交わる四角形 ABCD の面積 S は，

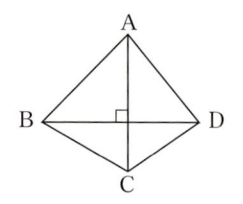

$S=\dfrac{1}{2}\times AC\times BD$ で求められるよ。

(6) $y=\dfrac{1}{2}x(8-x)$

$=-\dfrac{1}{2}(x^2-8x)$

$=-\dfrac{1}{2}(x^2-8x+16-16)$

$=-\dfrac{1}{2}(x-4)^2+8$

$0<x<8$ より，y は $x=4$ のとき，最大値 8 答 をとる。
↑
$x>0$，$8-x>0$ より，$0<x<8$ となる

5 (7) 袋 A から赤球と白球を取り出す確率は，それぞれ $\dfrac{3}{5}$，$\dfrac{2}{5}$

袋 B から赤球と白球を取り出す確率は，それぞれ $\dfrac{1}{5}$，$\dfrac{4}{5}$

これらの袋から球を1個ずつ取り出すとき，どちらか1個だけが白球となるのは，次の2つのいずれかの場合である。

(i) 袋 A から赤球を選んで袋 B から白球を選ぶ
(ii) 袋 A から白球を選んで袋 B から赤球を選ぶ

(i)の場合の確率は，$\dfrac{3}{5}\times\dfrac{4}{5}=\dfrac{12}{25}$

(ii)の場合の確率は，$\dfrac{2}{5}\times\dfrac{1}{5}=\dfrac{2}{25}$

事象(i)と事象(ii)は同時には起こらないので，

求める確率は，$\dfrac{12}{25}+\dfrac{2}{25}=\dfrac{14}{25}$ 答

6　(8)　$\sin 10° = \dfrac{AC}{BA} = \cos 80° = 0.1736$ 答

　　(9)　$AC = BC \cdot \dfrac{AC}{BC} = 20 \times \dfrac{1}{\tan 80°}$

$$= \dfrac{20}{5.6713}$$

$$= 3.526\cdots$$

小数第2位を四捨五入して，3.5 答

7　(10)　AB=6，AC=4，∠B=30°の△ABC をかく。

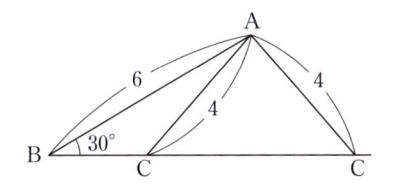

上の図のように，AB=6，AC=4，∠B=30°の△ABC は，2通りできることがわかる。

すなわち，2辺とその間にない角が与えられたとき三角形は，1通りに決定しない。

[3] 第3回検定予想問題

【1次】解答例

1　(1)　$7x^2+xy-3y^2$　　(2)　$x(x-4)(x+1)$　　(3)　$x=3\pm\sqrt{13}$

　　(4)　$13+6\sqrt{3}$　　(5)　$x=\pm 2$

2　(6)　$4:9$　　(7)　$\sqrt{11}$　　(8)　$8x^3-36x^2y+54xy^2-27y^3$

　　(9)　$(x-1)^4$　　(10)　$\dfrac{6\sqrt{3}+3}{11}$

3　(11)　$a=3$　　(12)　$x\leqq -\dfrac{1}{3}, \dfrac{3}{2}\leqq x$　　(13)　$\dfrac{1}{9}$

　　(14)　①　$\dfrac{5}{\sqrt{26}}$　②　$\dfrac{1}{\sqrt{26}}$　　(15)　①　16個　②　6個

【2次】解答例

1　(1)　△ABC∽△ADE　答

　　(2)　［証明］　△ABCと△ADEで

　　　　　　∠Aは共通　…①

　　　　　　∠ABC＝∠ADE（平行線の同位角）　…②

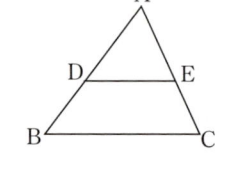

　　　①，②より2組の角がそれぞれ等しいので，

　　　△ABC∽△ADE

　　　よって，AB：AD＝BC：DE

2　(3)　$S=\dfrac{5}{2}t^2$ で $t=0, 6$ のときの値の表は次のようになる。

t（秒）	0	6
S（m）	0	90

　　　よって，求める平均の速さは，$\dfrac{90-0}{6-0}=15$ より，秒速15 m　答

3 (4) $3<\sqrt{3a}<5$ …①

辺々を2乗して $9<3a<25$

$9<3a$ より,$3<a$ …②

$3a<25$ より,$a<\dfrac{25}{3}=8.33\cdots$ …③

②,③を同時に満たす a の範囲は,$3<a<8.33\cdots$ となるので,

整数 a は,$a=4$,5,6,7,8 の5個 【答】

4 $y=x^2+2(k-2)x+k^2+1$ …①

(5) $x^2+2(k-2)x+k^2+1=0$ の判別式を D とすると,

①が x 軸上で,異なる2つの共有点をもつときの条件は,

$D>0$ より,

$\dfrac{D}{4}=(k-2)^2-(k^2+1)>0$

$k^2-4k+4-(k^2+1)>0$

$-4k>-3$

$k<\dfrac{3}{4}$ 【答】

(6) $k=0$ のとき,①は,$y=x^2-4x+1$ となる。

$y=x^2-4x+1$
$=x^2-4x+4-4+1$
$=(x-2)^2-3$

よって,$x=2$ のとき,y は最小値 $y=-3$ をとる。【答】

予想問題

5 (7) 9! = 362880（通り）　答

(8) ●○○○●○○○● という並び方の中で，3つの●の部分にA，B，Cの3人が並び，6つの○の部分にこの3人を除いた6人が並ぶので，求める場合の数は，積の法則より，

$3! \times 6! = 3 \cdot 2 \cdot 1 \cdot 6 \cdot 5 \cdot 4 \cdot 3 \cdot 2 \cdot 1 = 4320$（通り）　答

※場合の数を求めるときは，和の法則および積の法則を使いこなすことがポイントになる。ここは，少し詳しく解説しておくね。

●○○○●○○○● という並びの中で，○の部分に，

Ⓓ Ⓔ Ⓕ　Ⓖ Ⓗ Ⓘ

のように並ぶとするね。すなわち，次のような並びになる。

●Ⓓ Ⓔ Ⓕ ●Ⓖ Ⓗ Ⓘ ●

さて，3つの●には，A，B，Cの3人が1列に並ぶので，ABC，ACB，BAC，BCA，CAB，CBA すなわち，3! = 6（通り）の6通りの場合があるね。これを具体的に書くね。

Ⓐ Ⓓ Ⓔ Ⓕ Ⓑ Ⓖ Ⓗ Ⓘ Ⓒ　…①　　Ⓐ Ⓓ Ⓔ Ⓕ Ⓒ Ⓖ Ⓗ Ⓘ Ⓑ　…②

Ⓑ Ⓓ Ⓔ Ⓕ Ⓐ Ⓖ Ⓗ Ⓘ Ⓒ　…③　　Ⓑ Ⓓ Ⓔ Ⓕ Ⓒ Ⓖ Ⓗ Ⓘ Ⓐ　…④

Ⓒ Ⓓ Ⓔ Ⓕ Ⓐ Ⓖ Ⓗ Ⓘ Ⓑ　…⑤　　Ⓒ Ⓓ Ⓔ Ⓕ Ⓑ Ⓖ Ⓗ Ⓘ Ⓐ　…⑥

さて，上の①～⑥の6通りのそれぞれの場合において，D，E，F，G，H，Iの6人の並べ替えの総数6!通りの並び方があるので，積の法則により 3! × 6! 通りの並び方があったわけだね。

6 (9) 三角形の面積公式より

$$\triangle ABC = \frac{1}{2} AB \cdot BC \cdot \sin B$$

$$= \frac{1}{2} \cdot 10 \cdot 15 \cdot \sin 30°$$

$$= 75 \cdot \frac{1}{2} = \frac{75}{2}$$　答

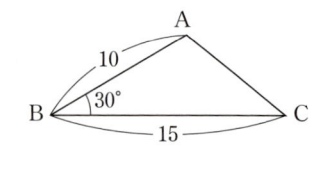

7 ⑽ 144 個 答

n 番目	●の数を求める式	合計
1	1+2	3
2	1+2+3	6
3	1+2+3+4	10
4	1+2+3+4+5	15
…	…	…
n	$1+2+3+\cdots+(n-1)+n+(n+1)$	

1 番目と 2 番目の和は，$3+6=9=3^2$

2 番目と 3 番目の和は，$6+10=16=4^2$

3 番目と 4 番目の和は，$10+15=25=5^2$

　　　　　　　　⋮　　　　　⋮

このように考えていくと，

　　10 番目と 11 番目の和は，$12^2=144$（個）となる。

【参考】 n 番目の●の数を求めてみようね。

n 番目の●の数は，$1+2+3+\cdots+(n-1)+n+(n+1)$ だね。

これは次のように考えて簡単に求められる。

　　$S=1+2+3+\cdots+(n-1)+n+(n+1)$ …① とおくよ。

S の値を大きい方から並べて書くと，

　　$S=(n+1)+n+(n-1)+\cdots+3+2+1$ …② だね。

①，②の辺々を加えると，

　　$2S=(n+2)+(n+2)+\cdots+(n+2)+(n+2)$　←（$n+2$）が（$n+1$）個並ぶ

　　$2S=(n+2)(n+1)$

よって，$S=\dfrac{(n+2)(n+1)}{2}$ 答

※①，②の右辺の和の最初の項の和は，$1+(n+1)=n+2$
同様に 2 番目の項の和も，$n+2$　同様に，最後の項［$(n+1)$ 番目の項］の和も $n+2$ となるので，これらの和の $(n+2)$ が，$(n+1)$ 個並ぶことになり，その和は，$(n+2)(n+1)$ になる。

左辺の和は $2S$ なので，$2S=(n+2)(n+1)$ だね。

> 予想問題

4 第4回検定予想問題

【1次】解答例

1 (1) $-11x+25$ (2) $(2x+13)(2x-13)$ (3) $x=2\pm\sqrt{11}$
  (4) $-2\sqrt{5}$ (5) $a=-5$

2 (6) $\sqrt{65}$ (7) 53 (8) x^3+1 (9) $(2x-3y)(4x^2+6xy+9y^2)$
  (10) $\dfrac{3\sqrt{3}-3\sqrt{2}}{2}$

3 (11) $x=-2$ (12) $-\dfrac{7}{3}<x<-\dfrac{1}{5}$ (13) 30 (14) ① $-\dfrac{4}{5}$ ② $-\dfrac{3}{4}$
  (15) ① 3 ② 3

  ※(11)について，与式は，$y=-2(x+2)^2+3$ と変形できる

  (12)について，与式は，$15x^2+38x+7<0$ と変形できる

【2次】解答例

1 (1) OA⊥PA より，△OAP は直角三角形となる。

   よって，三平方の定理より，

   $PA=\sqrt{13^2-6^2}=\sqrt{133}$ cm 答

  (2) 点 A と直線 PO との距離を d とすると，△APO の面積の関係から，

   $\dfrac{1}{2}\times 13d = \dfrac{1}{2}\times 6\times\sqrt{133}$

   よって，$d=\dfrac{6\sqrt{133}}{13}$ cm 答

  ※右の図の直角三角形の面積は，OA を底辺にとると，

   $\dfrac{1}{2}\times OA\times PA$ …①

   PO を底辺にとると，

   $\dfrac{1}{2}\times PO\times AH$ …②

   ①，②より

   OA・PA = PO・AH の関係が成り立つね。

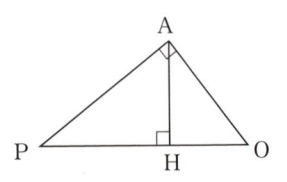

146

2 (3) n を整数として、2つの連続する偶数を $2n$, $2n+2$ とする。

$$(2n)^2+(2n+2)^2=4n^2+4n^2+8n+4$$
$$=8n^2+8n+4$$
$$=4(2n^2+2n+1)$$

ここで、$2n^2+2n+1$ も整数である。よって、成り立つ。

3 (4) n を正の整数とするとき、$\sqrt{13-n}$ が整数となるような n の条件は、

$n\geqq 1$, $13-n\geqq 0$ ← 0を見落とさないこと！

これより、$1\leqq n\leqq 13$

さて、$\sqrt{13-n}$ が整数となるのは、$13-n$ の値が、0, 1, 4, 9 となるときである。よって、

$13-n=0$, $13-n=1$, $13-n=4$, $13-n=9$

これより、求める n の値は、$n=13$, 12, 9, 4 【答】

※ $13-n=0$ を見落とさないこと。$\sqrt{0}=0$ なので、$\sqrt{0}$ も整数だからね。

4 (5) $y=2x^2+4ax+3$
$=2(x^2+2ax)+3$
$=2(x^2+2ax+a^2-a^2)+3$
$=2(x+a)^2-2a^2+3$

よって、y は $x=-a$ のとき、最小値 $-2a^2+3$ 【答】 をとる。

(6) この関数の最小値が -1 以上であるとき、

$-2a^2+3\geqq -1$
$-2a^2+4\geqq 0$
$a^2-2\leqq 0$
$(a-\sqrt{2})(a+\sqrt{2})\leqq 0$
$-\sqrt{2}\leqq a\leqq \sqrt{2}$ 【答】

※ $a^2-2=(a+\sqrt{2})(a-\sqrt{2})$ のように因数分解することもできるよ。

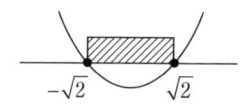

予想問題

5　(7)　$\dfrac{\cos\theta}{\sin\theta}+\dfrac{\sin\theta}{\cos\theta}=\dfrac{\cos^2\theta+\sin^2\theta}{\sin\theta\cos\theta}=\dfrac{1}{\sin\theta\cos\theta}$　…①

$\sin\theta+\cos\theta=\dfrac{1}{2}$　…②

②の両辺を2乗して，

$\sin^2\theta+\cos^2\theta+2\sin\theta\cos\theta=\dfrac{1}{4}$

$1+2\sin\theta\cos\theta=\dfrac{1}{4}$　← $\sin^2\theta+\cos^2\theta=1$ より

$\sin\theta\cos\theta=-\dfrac{3}{8}$　…③

③を①に代入して，与式 $=\dfrac{1}{-\dfrac{3}{8}}=1\div\left(-\dfrac{3}{8}\right)=-\dfrac{8}{3}$ 　**答**

※超重要公式 $\cos^2\theta+\sin^2\theta=1$ は，絶対に覚えておくこと。
　①では，$\sin\theta\cos\theta$ の値を求めたいので，②の式の両辺を2乗したわけ。その際，$\cos^2\theta+\sin^2\theta$ が出てくるので，これを1に置き換えることによって，$\sin\theta\cos\theta$ の値を求めることができるんだね。（p98 問題82 参照）

6　(8)　1問につき，正解である確率は $\dfrac{1}{5}$ なので，間違える確率は $\dfrac{4}{5}$

第1問と第5問だけ正解となるのは，独立な試行の確率により，

$\dfrac{1}{5}\times\dfrac{4}{5}\times\dfrac{4}{5}\times\dfrac{4}{5}\times\dfrac{1}{5}=\left(\dfrac{1}{5}\right)^2\times\left(\dfrac{4}{5}\right)^3=\dfrac{64}{3125}$ **答**

(9)　5問中2問だけ間違えるのは，反復試行の確率により，

${}_5C_2\left(\dfrac{4}{5}\right)^2\left(\dfrac{1}{5}\right)^3=10\times\dfrac{16}{25}\times\dfrac{1}{125}=\dfrac{32}{625}$ **答**

7　⑽　［証明］　△ABC と △DBA で，

　　　　∠BAC=∠BDA=90°　…①
　　　　∠B は共通　…②

　①，②より 2 組の角がそれぞれ等しいので，△ABC∽△DBA

よって，
　　　　BA：BD＝BC：BA

　内項の積と外項の積は等しいので，
　　　　BA^2＝BD・BC

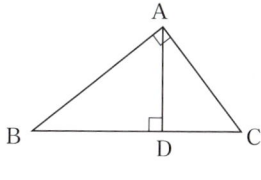

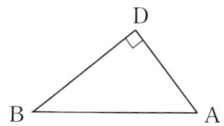

※**右上の直角三角形 ABC において**
　　　　$BA^2 = BD・BC$

が成り立つことは覚えておくといい。これは，高校入試でも大学入試センター試験などでも実によく使う式なんだね。もちろん，7 の証明と同様にして

　　　　$CA^2 = CD・CB$

が成り立つことも覚えておくといいよ。

予想問題

⑤ 第5回検定予想問題

【1次】解答例

1 (1) $-2x^2+2xy-\dfrac{1}{2}y^2$ (2) $b(2a-1)^2$ (3) $x=\dfrac{5\pm\sqrt{21}}{2}$

　(4) $8-4\sqrt{15}$ (5) $-18\leq y\leq 0$

2 (6) $4\sqrt{3}$ cm (7) $x=80°$

　(8) $(a+b+c)^2$ (9) $\dfrac{31}{3}$ (10) $8\sqrt{3}$

3 (11) $-\dfrac{1}{2},\ \dfrac{2}{3}$ (12) $-3<x<2$ (13) 10 (14) ① $45°$ ② $135°$

　(15) ① $\{1,2,3,4,6,8\}$ ② 7

※(9)は方べきの定理（p21）より $3(3+x)=4(4+6)$ を用いた。

(15)の②については $\overline{A}\cup\overline{B}=\{1,3,5,6,7,8,9\}$ となる。

【2次】解答例

1 (1) $x^2+ax-4=0\cdots$①

　　の1つの解が -4 であるから，①に $x=-4$ を代入して，

　　$(-4)^2+a\cdot(-4)-4=0$　これより，$a=3$

　　このとき①は，$x^2+3x-4=0$ → $(x+4)(x-1)=0$

　　よって，$x=-4,\ 1$

　　以上より，$a=3$，他の解は，$x=1$ 【答】

2 (2) $5\text{AH}=3\times 4$ より，

　　　$\text{AH}=\dfrac{12}{5}$ 【答】　※p146の太字部分を参照

(3) △ABC∽△HAC で，相似比は $5:3$ だから，面積比は $25:9$

　　また，△ABC$=\dfrac{1}{2}\times 3\times 4=6$

　　よって，△HAC$=6\times\dfrac{9}{25}=\dfrac{54}{25}$ 【答】

3 (4) n を整数として，2つの連続する奇数を，$2n-1$，$2n+1$ とする。

$(2n-1)^2+(2n+1)^2+5$
$=4n^2-4n+1+4n^2+4n+1+5$
$=8n^2+7$
$=8n^2+4+3$ ← 7を4+3に分けるのがポイント
$=4(2n^2+1)+3$

ここで，$2n^2+1$ も整数である。よって，成り立つ。

4 　　$y=ax^2+bx+c$ …①

(5) ①が，3点 $(0, 1)$，$(1, 3)$，$(2, 7)$ を通るので，

$\begin{cases} c=1 & \cdots② \\ a+b+c=3 & \cdots③ \\ 4a+2b+c=7 & \cdots④ \end{cases}$

②，③，④より，$a=1$，$b=1$，$c=1$ 答

(6) (5)より，①は，$y=x^2+x+1$

$y=x^2+x+\dfrac{1}{4}-\dfrac{1}{4}+1$

$=\left(x+\dfrac{1}{2}\right)^2+\dfrac{3}{4}$

よって，このグラフの頂点の座標は，

$\left(-\dfrac{1}{2},\ \dfrac{3}{4}\right)$ である。

また，$f(x)=x^2+x+1$ とおくと，
$f(-1)=1$，$f(3)=13$ であるから，
定義域が，$-1 \leq x \leq 3$ のときのグラフは，右上のようになる。
　よって，$x=3$ のとき，y は最大値 13 をとる。答

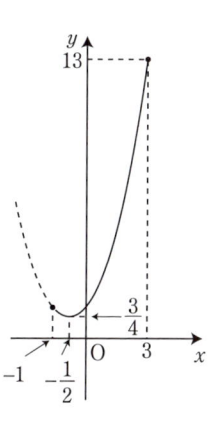

▸予想問題

5 (7) 赤球5個，白球6個の計11個から6個の球の取り出し方の総数は，

$$_{11}C_6 = {}_{11}C_5 = \frac{{}_{11}P_5}{5!} = \frac{11 \cdot 10 \cdot 9 \cdot 8 \cdot 7}{5 \cdot 4 \cdot 3 \cdot 2 \cdot 1} = 462$$

取り出す6個のうち，2個が赤球で4個が白球となるのは，赤球5個から2個を選び，白球6個から4個を選ぶときである。このときの球の取り出し方の総数は，積の法則より，

$$_5C_2 \times {}_6C_4 = {}_5C_2 \times {}_6C_2 = \frac{5 \cdot 4}{2 \cdot 1} \times \frac{6 \cdot 5}{2 \cdot 1} = 150$$

よって，求める確率は $\dfrac{{}_5C_2 \times {}_6C_4}{{}_{11}C_6} = \dfrac{150}{462} = \dfrac{25}{77}$ 答

※組合せについては，公式 $_nC_r = {}_nC_{n-r}$ も成り立つ。

例として，$n=5$，$r=3$ のときは，$_5C_3 = {}_5C_{5-3} = {}_5C_2$ となるわけだね。これは5個から3個を選ぶとき，残りの2個も決定するね。すなわち，5個から3個を選ぶことは，残りの $5-3=2$ 個を選ぶのと同じだね。(p48 練習53 (4), (5)参照)

6 (8) $AC = b$ とすると，余弦定理より，

$$b^2 = 3^2 + 4^2 - 2 \cdot 3 \cdot 4 \cos 60° = 25 - 24 \times \frac{1}{2} = 13$$

$b > 0$ より，$b = \sqrt{13}$ 答

(9) 正弦定理より，$\dfrac{3}{\sin C} = \dfrac{\sqrt{13}}{\sin 60°}$

この両辺の逆数をとって，

$$\frac{\sin C}{3} = \frac{\sin 60°}{\sqrt{13}} \quad \rightarrow \quad \sin C = \frac{\sqrt{3}}{2} \times \frac{1}{\sqrt{13}} \times 3$$

$$= \frac{3\sqrt{3}}{2\sqrt{13}} \text{ 答 または，} \frac{3\sqrt{39}}{26} \text{ 答}$$

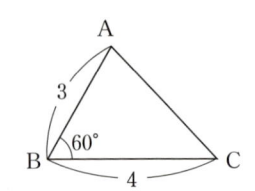

7 ⑽ ［証明］

　　△APT と △TPB で
　　∠P は共通　…①
　　接弦定理より，
　　∠PTA＝∠PBT　…②
　　①，②より2組の角がそれぞれ等しいので，
　　△APT ∽ △TPB
　　よって，PA：PT＝PT：PB
　　内項の積と外項の積は等しいので，PT^2＝PA·PB

※方べきの定理（p21）は，3つのパターンの図をしっかり頭の中に入れておこうね。

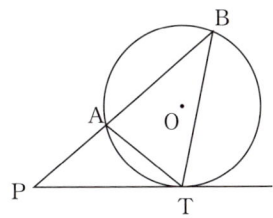

補足

- ◆ n 進法
- ◆ 最大公約数と最小公倍数
- ◆ ユークリッドの互除法
- ◆ 1 次不定方程式の解
- ◆ 三角形の外心
- ◆ 三角形の内心
- ◆ 三角形の重心
- ◆ 外角の二等分線の定理

補足

　新教育課程で，整数という単元が新設されたので今後準2級でも出題が予想される（すでに出題されているかもしれない）ので，図形の内容の一部とともに補足しておくね。

◆ n 進法

　普段，僕らが用いる数字たとえば，4321は，千の位が4，百の位が3，十の位が2，一の位が1となっている。すなわち，
$$4321 = 10^3 \times 4 + 10^2 \times 3 + 10^1 \times 2 + 10^0 \times 1$$
となっている（$10^0=1$，一般に，$a^0=1$である）。これは10をもとにした位取りだね。このような表記法を10進法という。10進法での各位の数は，0～9までの10個の数が用いられる。

　これと同様に考えて，2を位取りのもとにする表記法を2進法という。2進法では，0と1の2個の数を用いて表す。10進法は，10になると位が1つ上がるけど2進法では，2ができると位が1つ上がるわけだね。

　では，10進法の1～6を2進法で表してみよう。

10進法	1	2	3	4	5	6
2進法	1	10	11	100	101	110

　さらに，10進法の7～11を2進法で表してみよう。

10進法	7	8	9	10	11
2進法	111	1000	1001	1010	1011

　これで，2進法のしくみについて理解できたかな？　2進法の位は，右から順に，2^0，2^1，2^2，2^3，…で構成される。たとえば10進法の7は，2進法では111だね。これは2^2の位が1，2^1の位が1，2^0の位が1となっている。すなわち，
$$111_{(2)} = 2^2 \times 1 + 2^1 \times 1 + 2^0 \times 1$$
だね。111の右下に小さく書いた (2) は，2進法で表示された数であることを表す。それでは，2進法で表された数を10進法の数で表してみよう。

n 進法

例1　2進法で表された $11101_{(2)}$ を10進法の数で表してみよう。

2^4 の位が1, 2^3 の位が1, 2^2 の位が1, 2^1 の位が0, 2^0 の位が1 なので
$$11101_{(2)} = 2^4 \times 1 + 2^3 \times 1 + 2^2 \times 1 + 2^1 \times 0 + 2^0 \times 1$$
$$= 16 + 8 + 4 + 0 + 1$$
$$= 29_{(10)} \text{ となる。}$$

いくつか練習してみよう。

練習1　次の数を10進法で表しなさい。
(1)　$1011_{(2)}$　　(2)　$222_{(3)}$　　(3)　$433_{(5)}$　　(4)　$105_{(6)}$

――― 解答・解説 ―――

(1)　$1011_{(2)} = 2^3 \times 1 + 2^2 \times 0 + 2^1 \times 1 + 2^0 \times 1$
$$= 8 + 0 + 2 + 1$$
$$= 11_{(10)} \text{ 答}$$

(2)　これは3進法で表されているので，位は右から順に，3^0, 3^1, 3^2, で構成される。したがって，次のようになるね。
$$222_{(3)} = 3^2 \times 2 + 3^1 \times 2 + 3^0 \times 2$$
$$= 18 + 6 + 2$$
$$= 26_{(10)} \text{ 答}$$

(3)　これは5進法で表されているので，位は右から順に，5^0, 5^1, 5^2, で構成される。したがって，次のようになるね。
$$433_{(5)} = 5^2 \times 4 + 5^1 \times 3 + 5^0 \times 3$$
$$= 100 + 15 + 3$$
$$= 118_{(10)} \text{ 答}$$

(4)　これは6進法で表されているので，位は右から順に，6^0, 6^1, 6^2, で構成される。したがって，次のようになるね。
$$105_{(6)} = 6^2 \times 1 + 6^1 \times 0 + 6^0 \times 5$$
$$= 36 + 0 + 5$$
$$= 41_{(10)} \text{ 答}$$

> 補足

　さて，これから10進法で表された数を10進法以外の数字に直す方法について学んでいこう。

　その前に，あたりまえのことだけど10進法で表された4321は，10進法で表すと，4321だね。これは，10で割った余りを用いて，次のようにして求めることができる。

```
10) 4321    余り
10)  432 ……1  ←  4321÷10 = 432 ……1
10)   43 ……2  ←   432÷10 =  43 ……2
10)    4 ……3  ←    43÷10 =   4 ……3
        0 ……4  ←     4÷10 =   0 ……4
```

※商が0になるまで割ることにしよう！

　この余りを，下から順に並べて書くと4321になる。これは，4321を10で割っていくことで，上のようにその余りが1の位の数から順に現れてくることからわかるね。それでは，10進法で表された7を2進法で表してみよう。

```
2) 7    余り
2) 3 ……1  ←  7÷2 = 3 ……1
2) 1 ……1  ←  3÷2 = 1 ……1
   0 ……1  ←  1÷2 = 0 ……1
```

　この余りを下から順に並べて書いて，$111_{(2)}$となる。これは，10進法で表された7は，2進法では，

$$7_{(10)} = 2^2 \times \boxed{1} + 2^1 \times \boxed{1} + 2^0 \times \boxed{1} = 111_{(2)}$$

という位取りの構造になっていたわけだね。この$7_{(10)}$，すなわち$111_{(2)}$を2で割っていくと，その余りが順に2^0の位，2^1の位，2^2の位…の数となって現れてくるわけだね。

　したがって，10進法で表された数を2進法で表すときは，2で割っていき，その余りを下から順に並べて書くといい。同様に，10進法で表された数を3進法や5進法などで表すときはそれぞれ3と5で割っていき，その余りを下から順に並べて書くといいわけだね。それでは，練習してみよう。

例2　10進法で表された17を2進法の数で表してみよう。

17を2で割っていくといいね。

```
2) 17      余り
2)  8 ……1
2)  4 ……0
2)  2 ……0
2)  1 ……0
    0 ……1   すなわち 10001 ₍₂₎ となる。
```

検算もしておくよ。　　$10001_{(2)} = 2^4 \times 1 + 2^0 \times 1 = 17_{(10)}$

となって，間違いないね。

練習2　次の10進法で表された数を［　］内の表記で表しなさい。
(1)　23 ［2進法］　　(2)　53 ［3進法］　　(3)　109 ［5進法］

――― 解答・解説 ―――

(1)
```
2) 23
2) 11 ……1
2)  5 ……1
2)  2 ……1
2)  1 ……0
    0 ……1
```
10111 **答**

(2)
```
3) 53
3) 17 ……2
3)  5 ……2
3)  1 ……2
    0 ……1
```
1222 **答**

(3)
```
5) 109
5)  21 ……4
5)   4 ……1
     0 ……4
```
414 **答**

> 補足

次に 2 進法で表された数の加法と減法をやろうね。2 進法は，2 を位取りのもとにした表記法なので，2 ができれば位が 1 つ上がる。

すなわち，2 進法の計算では，

$0+0=0$，$1+0=1$，$0+1=1$，$1+1=10$　となるわけだね。

例3　2 進法で表された 1011 と 1101 の和を 2 進法で求めてみよう。

$$\begin{array}{r} 1011_{(2)} \\ +\ 1101_{(2)} \\ \hline 11000_{(2)} \end{array}$$

2^0 の位については，$1+1=10$ より，2^0 の位が 0 で，2^1 の位に 1 がくり上がる。
2^1 の位については，$1+1=10$ より，2^1 の位が 0 で，2^2 の位に 1 がくり上がる。
2^2 の位については，$1+1=10$ より，2^2 の位が 0 で，2^3 の位に 1 がくり上がる。
2^3 の位については，$1+1+1=11$ より，2^3 の位が 1 で，2^4 の位は 1 となる。

練習3　次の計算をしなさい。ただし答は，[　] 内の表記で表しなさい。

(1) $1111_{(2)}+100_{(2)}$ [2 進法]　　(2) $322_{(5)}+213_{(5)}$ [5 進法]

― 解答・解説 ―

(1) 2 進法での計算　$0+0=0$，$1+0=1$，$0+1=1$，$1+1=10$ を活用する。

$$\begin{array}{r} 1111_{(2)} \\ +\ \ \ 100_{(2)} \\ \hline 10011_{(2)} \end{array}$$

よって，$10011_{(2)}$　**答**

(2) 5 進法での計算　$0+0=0$，$1+4=10$，$2+3=10$，$3+2=10$，$4+1=10$ を活用する。

$$\begin{array}{r} 322_{(5)} \\ +\ 213_{(5)} \\ \hline 1040_{(5)} \end{array}$$

よって，$1040_{(5)}$　**答**

n 進法での加法については大丈夫だと思う。次に，n 進法での減法，乗法，除法についてもやっておこう。

例4　$11011_{(2)} - 1101_{(2)}$ を 2 進法で求めてみよう。

2 進法での計算 $1-0=1$，$1-1=0$，$10-1=1$ を活用すればいいね。

$$\begin{array}{r} 11011_{(2)} \\ -1101_{(2)} \\ \hline 1110_{(2)} \end{array}$$ 答

例5　$11011_{(2)} \times 101_{(2)}$ を 2 進法で求めてみよう。

2 進法での計算 $0\times 0=0$，$0\times 1=0$，$1\times 0=0$，$1\times 1=1$ を活用すればいいね。

$$\begin{array}{r} 11011_{(2)} \\ \times 101_{(2)} \\ \hline 11011\phantom{_{(2)}} \\ 11011\phantom{00_{(2)}} \\ \hline 10000111_{(2)} \end{array}$$ 答

例6　$1001110_{(2)} \div 1101_{(2)}$ を 2 進法で求めてみよう。

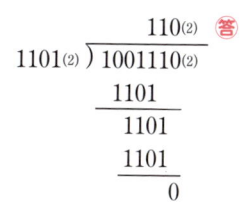

$$\begin{array}{r} 110_{(2)} \\ 1101_{(2)}\overline{)1001110_{(2)}} \\ \underline{1101} \\ 1101 \\ \underline{1101} \\ 0 \end{array}$$ 答

練習4　次の計算をしなさい。ただし答は，[　]内の表記で表しなさい。

(1)　$1000_{(2)} - 101_{(2)}$　[2進法]　　(2)　$433_{(5)} - 243_{(5)}$　[5進法]

(3)　$11_{(2)} \times 11_{(2)}$　[2進法]　　(4)　$10101_{(2)} \div 11_{(2)}$　[2進法]

── 解答 ──

(1)　$11_{(2)}$ 答　　(2)　$140_{(5)}$ 答　　(3)　$1001_{(2)}$ 答　　(4)　$111_{(2)}$ 答

> 補足

◆最大公約数と最小公倍数

最大公約数や最小公倍数を求めるときは，素因数分解を利用する。

> 例として，36 と 54 の最大公約数と最小公倍数を求めてみようね。

36 と 54 を素因数分解するとそれぞれ次のようになる。

$$36 = \boxed{2} \times 2 \times \boxed{3} \times 3 \quad \cdots (ア)$$
$$54 = \boxed{2} \quad\times 3 \times \boxed{3} \times 3 \quad \cdots (イ)$$

(ア)(イ)の右辺を見比べて，36 と 54 の共通な素因数の積 $2 \times 3^2 = 18$ が最大公約数になるのは理解できると思う。一般に，公約数は最大公約数の約数である。

最小公倍数は，次のようにして，(ア)では素因数の 3 を，(イ)では素因数の 2 を補う形で求めることができる。

$$36 \to \boxed{2} \times 2 \times \boxed{3} \times \boxed{3} \times {\color{red}3}$$
$$54 \to \boxed{2} \times {\color{red}2} \times \boxed{3} \times \boxed{3} \times 3$$

これは，36 の倍数が $\underline{2^2} \times 3^2$ を因数（約数）にもち，54 の倍数が $2 \times \underline{3^3}$ を因数（約数）にもつので，36 と 54 の公倍数は，$\underline{2^2} \times \underline{3^3}$ を因数にもつ数になるわけだね。よって，36 と 54 の最小公倍数は，$\underline{2^2} \times \underline{3^3} = 108$ になる。一般に，公倍数は，最小公倍数の倍数である。

したがって，最大公約数と最小公倍数は，次のような計算で求めることができる。2 つの数 36 と 54 を横に並べてかき，共通な素因数で割れるところまで割る。そして，共通な素因数をかけあわせることで最大公約数を，最大公約数と一番下の行の 2 つの数（36 と 54 を最大公約数で割ったときの商）をかけ合わせることで最小公倍数が求められる。

36, 54 の最大公約数の求め方

```
  2) 36  54
  3) 18  27
  3)  6   9
      2   3
```
最大公約数 $= 2 \times 3^2 = 18$

36, 54 の最小公倍数の求め方

```
  2) 36  54
  3) 18  27
  3)  6   9
      2   3
```
最小公倍数 $= 2 \times 3^2 \times 2 \times 3 = 108$

練習5 次の数の最大公約数と最小公倍数を求めなさい。
(1) 84, 90　(2) 60, 105　(3) 20, 210, 182

―― 解答・解説 ――

(1)
```
2) 84  90
3) 42  45
   14  15
```
最大公約数　$2\times 3=6$ 答

最小公倍数　$2\times 3\times 14\times 15=1260$ 答

(2)
```
3) 60  105
5) 20   35
    4    7
```
最大公約数　$3\times 5=15$ 答

最小公倍数　$3\times 5\times 4\times 7=420$ 答

(3) まず最大公約数は，3つの数に共通する因数で割っていく。
```
2) 20  210  182
   10  105   91
```
これより最大公約数は 2 答

最小公倍数はこれ以降，3つの数のうち2つの数の共通因数で割り，残りの1つの数はそのままおろす。すなわち次のようになる。

```
2) 20  210  182   …（※）
5) 10  105   91   ←91は，5で割れないのでおろす
7)  2   21   91   ← 2は，7で割れないのでおろす
    2    3   13
```

最小公倍数は 2, 5, 7, 2, 3, 13 を L 字型にかけ合わせるといい。よって，最小公倍数 $=2\times 5\times 7\times 2\times 3\times 13=5460$ 答

このわけは，次のことから理解できる。

$20= 2\times 2\times 5 \quad\Leftrightarrow\quad 20= 2\times 5 \times 2$

$210= 2\times 3\times 5\times 7 \quad\Leftrightarrow\quad 210= 2\times 5\times 7 \times 3$

$182= 2\times 7\times 13 \quad\Leftrightarrow\quad 182= 2 \times 7 \times 13$

この3つの数の最小公倍数を求めるとき，上の3つの数の素因数分解から，20 では素因数 7, 3, 13 を，210 では 2, 13 を，182 では 5, 2, 3 を補うといい。その際（※）において，2つ以上の数の共通因数 2, 5, 7 が縦の部分に，互いに素である 2, 3, 13 が一番下の行に現れる。よって，2, 5, 7, 2, 3, 13 を L 字型にかけ合わせると最小公倍数が求められる。

補足

◆ユークリッドの互除法

"861 と 533 の最大公約数を求めなさい"といわれると，ちょっと困ってしまうね。2つの数に共通する素因数がなかなか思い浮かばないからね。この難問を解決してくれるのがユークリッドの互除法なんだね。

> 定理　自然数 a, b について a を b で割ったときの余りを r とすると，a と b の最大公約数は，b と r の最大公約数に等しい。

この定理は，次のように説明できる。
a と b の最大公約数を g とすると，
　　　$a=a'g\cdots$①，$b=b'g\cdots$② (ここで，a', b' は互いに素)

$$g\,)\,\underline{a\quad b}\\ a'\quad b'$$

※ a' と b' が互いに素であるとは，a', b' の最大公約数が 1 であるということだね！

さて，a を b で割ったときの商を q，余りを r とすると，
　　　$a\div b=q\cdots r$ より，$a=bq+r$，すなわち，$r=a-bq\cdots$③
①，②を③に代入すると，
　　　$r=a'g-b'gq=(a'-b'q)g$
　　　すなわち，$r=(a'-b'q)g\cdots$④

④から，r は，g を約数にもつことがわかると思う。たとえば，$6=2\times3$ なので，6 は 3 を約数にもつね。一般に，$a=bc$ のとき，a は c の倍数で，c は a の約数だね。

さて，②と④を並べて書くと，
　　　$b=b'g\quad\cdots$②
　　　$r=(a'-b'q)g\cdots$④

$$g\,)\,\underline{b\quad r}\\ b'\quad a'-b'q$$

この 2 つの式から，b と r の最大公約数も g であることがわかる。なぜなら，a', b' は互いに素なので，④で q がどんな値をとっても $a'-b'q$ は，b' の倍数にはなり得ないね。すなわち，b' と $a'-b'q$ も互いに素だね。したがって，b と r の最大公約数も g となる。すなわち，自然数 a, b について a を b で割ったときの余りを r とすると，a と b の最大公約数が b と r の最大公約数に等しいことが理解できたと思う。

ユークリッドの互除法

前ページの定理をくり返し用いて最大公約数を求める方法をユークリッドの互除法，または互除法という。では，ユークリッドの互除法を用いて，861 と 533 の最大公約数を求めてみよう。以下，a と b の最大公約数を (a, b) の形式で書くことにする。

$$(861, 533) \rightarrow (533, 328) \rightarrow (328, 205) \rightarrow$$
$$861 \div 533 \qquad 533 \div 328 \qquad 328 \div 205$$
$$= 1 \cdots 328 \qquad = 1 \cdots 205 \qquad = 1 \cdots 123$$

$$\rightarrow (205, 123) \rightarrow (123, 82) \rightarrow (82, 41)$$
$$205 \div 123 \qquad 123 \div 82 \qquad 82 \div 41$$
$$= 1 \cdots 82 \qquad = 1 \cdots 41 \qquad = 2 \cdots 0$$

余りが 0 になったので，82 は 41 で割り切れたわけだね。これで，861 と 533 の最大公約数は，82 と 41 の最大公約数，すなわち 41 となることがわかると思う。

問題 1 次の 2 つの最大公約数を求めなさい。
(1) 777, 185　(2) 779, 209

解答・解説

a と b の最大公約数を (a, b) の形で表すことにする。

ユークリッドの互除法を用いると，

(1) $(777, 185) \rightarrow (185, 37)$
　　$777 \div 185 \qquad 185 \div 37$
　　$= 4 \cdots 37 \qquad = 5 \cdots 0 \qquad$ よって，37 【答】

※ 185 を 37 で割ると余りが 0 なので，185 も 37 も 37 で割り切れる。

(2) $(779, 209) \rightarrow (209, 152) \rightarrow (152, 57) \rightarrow (57, 38) \rightarrow (38, 19)$
　　$779 \div 209 \qquad 209 \div 152 \qquad 152 \div 57 \qquad 57 \div 38 \qquad 38 \div 19$
　　$= 3 \cdots 152 \qquad = 1 \cdots 57 \qquad = 2 \cdots 38 \qquad = 1 \cdots 19 \qquad = 2 \cdots 0$

よって，19 【答】

※ 38 を 19 で割ると余りが 0 なので，38 も 19 も 19 で割り切れる。

> 補足

◆ 1次不定方程式の解

a, b, c は，整数の定数で，$a \neq 0$, $b \neq 0$ とする。このとき x, y についての1次方程式

$$ax+by=c$$

を成り立たせる整数 x, y の値の組をこの方程式の整数解という。この整数解を求めることを，1次不定方程式を解くという。では，さっそくこの方程式を解いていこう。

例7 $3x+5y=0 \cdots ①$ の整数解をすべて求めてみよう。

これは，k を定数として，

$$x=5k, \quad y=-3k \cdots ② \quad (または，x=-5k, y=3k)$$

で求められることに気づくね。なぜなら，②を①の左辺に代入すると

$$3 \cdot 5k + 5 \cdot (-3k) = 0$$

となり，等式が成り立つからね。

②で，たとえば，$k=1$ のとき，$(x, y)=(5, -3)$ となる。これは①の1次不定方程式の整数解の1つになっている。

ここで，3と5が互いに素であることにも注意しよう。

問題2 次の方程式の整数解をすべて求めなさい。

$$6x-8y=0$$

― 解答・解説 ―

$$6x-8y=0 \cdots ①$$

①より，$x=8k$, $y=6k$（k は整数）$\cdots ②$ とやると残念ながらまちがいになるよ。なぜなら，$(x, y)=(4, 3)$ は，①の解の1つだけど，②では，この値を表すことができないからね。したがって，次のようにまとめるといい。

$$6x - 8y = 0 \cdots ①$$

①の両辺を2で割って，$3x-4y=0 \cdots ①'$

①' で，3と4は互いに素であるから

$$x=4k, \quad y=3k \quad (k は整数) \text{【答】}$$

次に， $3x-4y=1$ の整数解をすべて求めてみよう。

$3x-4y=1\cdots$①

①の整数解の1つは，$x=3$，$y=2$ であるから，これを①に代入して

$3\cdot3-4\cdot2=1\cdots$② となるね。

①-②より，

$3(x-3)-4(y-2)=0$ ← $aX+bY=0$ の形

3，4 は互いに素であるから，

$x-3=4k$，$y-2=3k$

よって，求める整数解は，$x=4k+3$，$y=3k+2$（k は整数）となる。

①の整数解をすべて求めるには，まず①を成り立たせる整数解を1つ求め，それを①に代入した式をつくる。①からこの式を引くことで，$aX+bY=0$ の形にもちこむ。その後は，前ページ例7と同じ手法で解けるわけだね。

ところで，①で整数解を1つ見つけるには，適当な値を代入するか，①を $x=\dfrac{4y+1}{3}$ と変形して，分子 $4y+1$ が3の倍数となるような y を1つ見つけるといいよ。

問題3 $7x+6y=2$ の整数解をすべて求めなさい。

── 解答・解説 ────────────────

$7x+6y=2\cdots$①

①の整数解の1つが，$x=2$，$y=-2$ なので，これを①に代入して

$7\cdot2+6\cdot(-2)=2\cdots$②

①-②より，

$7(x-2)+6(y+2)=0$

7と6は互いに素なので，

$x-2=6k$，$y+2=-7k$（k は整数）

よって，求める整数解は，$x=6k+2$，$y=-7k-2$（k は整数）**答**

準2級で整数に関する問題がこの分野から出題されるとすれば，このレベルまでだと思う。これ以上の内容は，2級のテキストでやるね。

> 補足

　最後に図形（三角形の外心，内心，重心，外角の二等分線の定理）について補足しておくね。

◆三角形の外心

　三角形の3辺の垂直二等分線は1点で交わる。その交点 O を 外心 という。
"三角形の3辺の垂直二等分線は1点で交わる"ことを証明する。

[証明]　右の図の△ABC において，辺 AB，BC の中点をそれぞれ L，M とする。

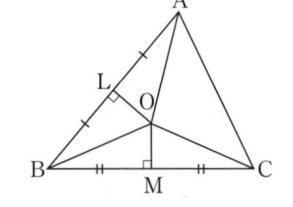

　　△OAL と△OBL で

　　　　AL=BL…①

　　　　OL は共通…②

　　　　∠OLA=∠OLB=90°…③

　①〜③より，2組の辺（2辺）とその間の角がそれぞれ等しいので

　　　　△OAL ≡△OBL

　よって，OA=OB…④

　△OBM と△OCM でも同様にして，OB=OC…⑤

　④，⑤より，OC=OA

　次に，点 O から AC に垂線を引き，その交点を N とする。

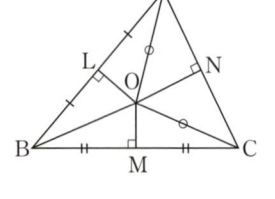

　△OCN と△OAN で，

　　　　∠ONC=∠ONA=90°…⑥

　　　　OC=OA…⑦

　　　　ON は共通…⑧

　⑥〜⑧より，直角三角形で，斜辺と他の1辺がそれぞれ等しいので，

　　　　△OCN ≡△OAN

　すなわち，CN=AN

　よって，点 O は，辺 AC の垂直二等分線上にもある。

　すなわち，三角形の3辺の垂直二等分線は1点で交わる。（証明終わり）

　さて，OA=OB=OC より，O を中心として3点 A，B，C を通る半径 OA の円がかけるね。この円 O を△ABC の 外接円 という。点 O が△ABC の外心なんだね。自分で作図してごらん。

三角形の外心

さて，前ページの証明は下の2つの定理，

> 定理　線分の垂直二等分線上のすべての点は，その線分の両端の点から等距離にある。
>
> 定理　線分上にない点がその線分の両端の点から等距離にあるとき，その点は，線分の垂直二等分線上にある。

を用いると，次のように証明することもできる。

[証明]　辺 AB，BC の垂直二等分線の交点を O とする。

点 O は，辺 AB，BC の垂直二等分線上の点なので，

　　　OA＝OB…①　　OB＝OC…②

　　　①，②より，OC＝OA…③

③のとき，点 O は，辺 AC の垂直二等分線上にある。

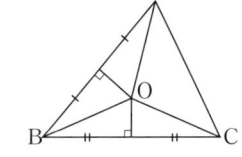

よって，点 O は，2 つの辺 AB，BC の垂直二等分線上にあって，辺 CA の垂直二等分線上にもある。

すなわち，三角形の 3 辺の垂直二等分線は 1 点で交わる。（証明終わり）

問題 4　△ABC の 3 つの辺の垂直二等分線が点 O で交わっています。AB の中点を M とし，AB＝10，OM＝3 であるとき，この三角形の外接円の半径を求めなさい。

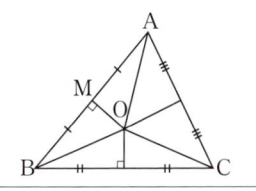

――― 解答・解説 ―――

AB＝10 より AM＝5，OM＝3 より直角三角形 OAM で，三平方の定理より，

$$OA = \sqrt{AM^2 + OM^2} = \sqrt{5^2 + 3^2} = \sqrt{34}$$

ところで，三角形の外心（三角形の 3 つの辺の垂直二等分線の交点）は，直角三角形のとき，斜辺の辺上に，鈍角三角形のときには，三角形の外部にある。自分で作図して確かめるといいね。

> 補足

◆三角形の内心

三角形の3つの内角の二等分線は1点で交わる。その交点Iを内心という。
"三角形の3つの内角の二等分線は1点で交わる"ことを証明する。

[証明] 右の図の△ABCで，

∠A，∠Bの二等分線の交点をIとし，Iから辺AB，BC，CAにひいた垂線との交点をそれぞれD，E，Fとする。

　　△IADと△IAFで
　　　　∠IDA=∠IFA=90°…①
　　　　AIは共通…②
　　　　∠IAD=∠IAF…③
①〜③より，直角三角形で斜辺と1つの鋭角がそれぞれ等しいので，
　　△IAD≡△IAF
よって，ID=IF…④
△IBDと△IBEでも同様にして，ID=IE…⑤
④，⑤より，IE=IF
このとき，△ICEと△ICFで，
　　　　∠IEC=∠IFC=90°…⑥
　　　　ICは共通…⑦
　　　　IE=IF…⑧
⑥〜⑧より，直角三角形で斜辺と他の1辺がそれぞれ等しいので，
　　△ICE≡△ICF
よって，∠ICE=∠ICFとなり，Iは∠Cの二等分線上にもある。
すなわち，三角形の3つの内角の二等分線は1点で交わる。（証明終わり）

さて，ID=IE=IFより，Iを中心として3点D，E，Fを通る半径IDの円がかける。この円Iを△ABCの内接円という。点Iが△ABCの内心なんだね。これも自分で作図してごらん。

これについては，本書のp101の問題85を参照すること！

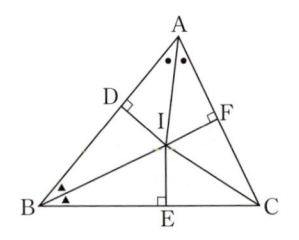

◆**三角形の重心**

三角形の3つの中線は1点で交わる。その交点Gを重心という。

※三角形で，1つの頂点とその対辺の中点を結んだ線分を中線という。

それでは，"三角形の3つの中線は1点で交わる"ことを証明する。

その前に中点連結定理について，確認しておこう。

> 【中点連結定理】
> 右の図の△ABCで，
> 点M，Nがそれぞれ辺AB，ACの
> 中点ならば，
> $$MN /\!/ BC, \quad MN = \frac{1}{2}BC$$

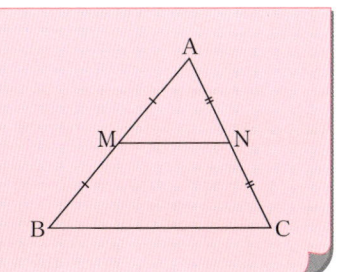

[証明] 右の図1の△ABCで，2つの中線AM，CLの交点をGとする。

点L，Mは，辺BA，BCのそれぞれの中点なので，中点連結定理より

$\quad$ AC$/\!/$LM…①　　AC：LM=2：1…②

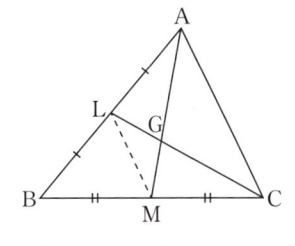

△GLMと△GCAで，

①より，∠GLM=∠GCA…③，∠GML=∠GAC…④

③，④より，2組の角がそれぞれ等しいので，△GLM∽△GCA

よって，これと②より

$\quad$ AG：GM=2：1…⑤

図1

次に，右の図2の△ABCで，2つの中線AM，BNの交点をG′とすると同様にして，

$\quad$ AG′：G′M=2：1…⑥

⑤，⑥より，点GとG′は，同じ線分AM上の点で，線分AMを頂点側から2：1に分ける点となる。このような点はただ1つしか存在しない。すなわち，GとG′は一致する。

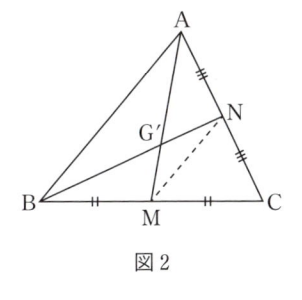

よって，三角形の3つの中線は1点で交わる。（証明終わり）

図2

> 補足

重心についてまとめておこう。

三角形の3つの中線は1点で交わりその交点 G を重心という。また重心 G は，3つの中線 AM，BN，CL を三角形の頂点側から 2：1 に分ける。

すなわち，AG：GM=BG：GN=CG：GL=2：1 となる。

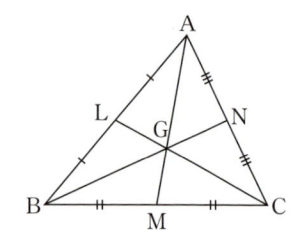

問題 5 右の図の△ABC で，点 L，M，N は，辺 AB，BC，CA のそれぞれの中点，点 G は，3つの線分 AM，BN，CL の交点であるとき，次の問に答えなさい。

(1) AG：GM を求めなさい。

(2) △GBC=△GCA=△GAB であることを証明しなさい。

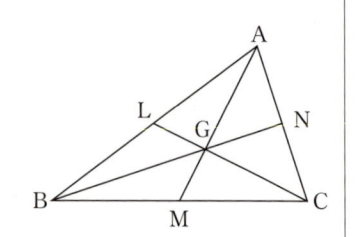

=解答・解説=

(1) 点 G は，△ABC の重心なので，AG：GM=2：1 【答】

(2) ［証明］ 右の図のように，点 G，A から辺 BC に垂線を引き，その交点をそれぞれ H，H′ とすると，MG：GA=1：2 より，

　　GM：AM=1：3

よって，△MH′A で三角形と比の定理より，

　　GH：AH′=1：3

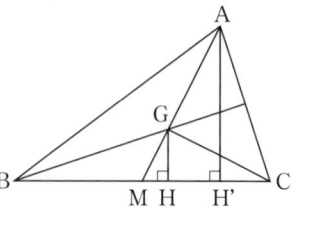

△GBC と △ABC は，底辺が BC で，高さの比が 1：3 なので，

$$△GBC=\frac{1}{3}△ABC$$

同様にして，

$$△GCA=\frac{1}{3}△ABC,\quad △GAB=\frac{1}{3}△ABC$$

よって，△GBC=△GCA=△GAB

◆**外角の二等分線の定理**

最後に外角の二等分線の定理もやっておく。

右の図のように，△ABC で ∠A の外角の二等分線と辺 BC の延長との交点を D とすると BA：AC＝BD：DC が成り立つ。

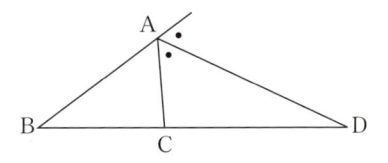

これを，三角形の外角の二等分線の定理という。

[証明] 右の図のように，点 C を通り AD に平行な直線を引き AB との交点を E とする。

また，BA の延長上に点 F をとる。このとき，AD∥EC より，

　　∠FAD＝∠AEC …①
　　∠DAC＝∠ACE …②

仮定より，

　　∠FAD＝∠DAC …③

①～③より，

　　∠AEC＝∠ACE

よって，

　　AE＝AC …④

さらに，△BDA で，三角形と比の定理より，

　　BE：AE＝BC：DC　← BE：AE＝2：3 と考えると

これより，　　　　　　　　↓

　　BA：AE＝BD：DC　← BA：AE＝BD：DC＝5：3

よって，④より，

　　BA：AC＝BD：DC　となる。（証明終わり）

これも，本書の p17 で学んだ内角の二等分線の定理と対比して覚えておくといいと思う。いずれの場合も BA：AC＝BD：DC が成り立つね。

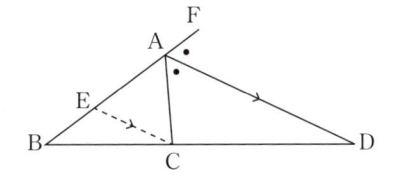

173

あとがき

　ここまで頑張ってきた皆さんお疲れ様でした。

　僕のこれまでの経験から，数学検定準2級に合格した中学生（僕は中学生とともに数学検定準2級合格にチャレンジしてきました）の多くは，次の3つのことができている人たちでした。

　①中3の本質的な内容がすべて理解できている。

　②高1の内容については，特に2次関数，不等式，判別式，三角比，確率の本質的な内容がよく理解できている。

　③実際の検定でミスが少ない。

　すなわち，数学検定準2級に合格するためには，まず，中3の内容をしっかり理解したうえで，「読めばスッキリ！数学検定準2級への道」をじっくりと読んで数学Ⅰ・Aの内容を理解することです。次に，本書の問題を解いて学んだ内容の理解を定着させることです。したがって，本書の153ページまでを確実にやり遂げて下さい。これが合格の条件ともいえます。

　最後の"補足"のページは，今後の出題を考慮して追加した部分です。新教育課程で新たに加わったn進法やユークリッドの互除法，1次不定方程式などについての解説および三角形の外心・内心・重心など図形についてのまとめで構成されていますので活用して下さい。

　それでは，皆さんの合格を心から祈っています。

© TMT研究会　2014

解いてスッキリ！数学検定準2級への道問題集

2014年 5月26日　第1版第1刷発行
2017年10月17日　第1版第2刷発行

監　修　　公益財団法人
　　　　　日 本 数 学 検 定 協 会
編著者　　Ｔ　Ｍ　Ｔ　研　究　会
発行者　　田　　中　　久　　喜

発　行　所
株式会社　電　気　書　院
ホームページ　www.denkishoin.co.jp
（振替口座　00190-5-18837）
〒101-0051　東京都千代田区神田神保町1-3 ミヤタビル2F
電話（03）5259-9160／FAX（03）5259-9162

印刷　株式会社シナノ パブリッシング プレス
Printed in Japan／ISBN 978-4-485-22027-6

・落丁・乱丁の際は，送料弊社負担にてお取り替えいたします．
・正誤のお問合せにつきましては，書名・版刷を明記の上，編集部宛に郵送・FAX（03-5259-9162）いただくか，当社ホームページの「お問い合わせ」をご利用ください．電話での質問はお受けできません．また，正誤以外の詳細な解説・受験指導は行っておりません．

JCOPY　〈(社)出版者著作権管理機構　委託出版物〉
本書の無断複写（電子化含む）は著作権法上での例外を除き禁じられています．複写される場合は，そのつど事前に，(社)出版者著作権管理機構（電話：03-3513-6979，FAX：03-3513-6979，e-mail：info@jcopy.or.jp）の許諾を得てください．また本書を代行業者等の第三者に依頼してスキャンやデジタル化することは，たとえ個人や家庭内での利用であっても一切認められません．